全国信息进村入户工程村级信息员典型案例

农业农村部市场与信息化司　指导

《全国信息进村入户工程村级信息员典型案例》编写组　编

U0381030

中国农业出版社

北　京

图书在版编目（CIP）数据

全国信息进村入户工程村级信息员典型案例／《全
国信息进村入户工程村级信息员典型案例》编写组编．——
北京：中国农业出版社，2019.10
　　ISBN　978-7-109-25762-7

　　Ⅰ．①全…　Ⅱ．①全…　Ⅲ．①信息技术－应用－农业－
案例　Ⅳ．① S126

中国版本图书馆 CIP 数据核字（2019）第 158189 号

全国信息进村入户工程村级信息员典型案例

QUANGUO XINXI JINCUN RUHU GONGCHENG CUNJI XINXIYUAN DIANXING ANLI

中国农业出版社
地址：北京市朝阳区麦子店街 18 号楼
邮编：100125
责任编辑：张丽四　程　燕
责任校对：巴红菊
印刷：北京大汉方圆数字文化传媒有限公司
版次：2019 年 10 月第 1 版
印次：2019 年 10 月第 1 次印刷
发行：新华书店北京发行所发行
开本：880mm×1230mm　　1 /32
印张：8
字数：210 千字
定价：30.00 元

目 录

北京市通州区北寺庄村金宏帝怡园益农信息社
冯冲信息员的典型事例

一、基本情况

按照农业农村部信息进村入户工程的总体要求，2015年北京市通州区宋庄镇北寺庄村专业型益农信息社建设完成，冯冲担任本信息社的信息员，利用园区农业技术，以助力本地区农业生产水平提升、经济发展为目标，通过农技推广、气象信息服务、质量安全追溯服务、销售渠道对接服务等多种形式将"互联网＋"切实应用于农村、农民的生产生活中。

二、服务情况

北寺庄村信息社以园区生产经营为基础，农业信息服务功能齐全，包括土壤检测服务、农产品检测服务、气象信息服务、监控及联网服务、农技推广服务、品牌建设服务、质量安全追溯服务、智慧农场平台服务、智能化信息采集服务、销售渠道对接服务、农村政策、法律法规等信息服务11项内容。配有信息服务人员2名。拥有农产品检测室1间，检测设备齐全；气象信息服务站1间，对本地区气象信息实时监测，及时传送；$200m^2$农产品电商展示展销厅1间，有效缓解本地区农产品滞销问题，促进农户增收。齐全的现代化农业服务设备设施为落实信息社各项服务奠定了坚实基础。

北寺庄村信息社成立初期，以农产品生产技术服务为主。信息员冯冲紧跟现代化农业生产实际，不断丰富信息社服务内容，从农村生产实际出发，针对农户生产技术落后、农产品质量安全难控制的问题，信息社组织农技培训、农产品安全生产培训，推出专业化统防统治的植保服务，有效提高农产品品质、产量促进农户增收，目前，已累计开展多种形式培训会20余次，培训600余人次。

信息社借助企业活动契机，组织农户开展多渠道销售，帮助农户对接电商平台、社区生鲜O2O等销售商，成功为10余家农户提供产销对接消息，实现农产品优质优价销售。

金宏帝怡园信息社在多年发展过程中积极探索"互联网＋"在农业、农村生活中的应用，联合50名农户成立"蓝湖庄园农业专业合作社"，注册微信公众平台，在平台中发布农业重大气象灾害预报、农业政策信息解读、农产品产销信息、农业新技术等内容，并为种植户、园区提供品牌注册、微信公众平台建立等服务。

益农信息社的建立，作为现代化、信息化农业与农村、农户的联系纽带，利用信息社把更多现代化、实用的、农业生产、农村生活产品销售的新知识，"互联网＋"的新理念传送到农户家中，切实推动农业农村向前发展。

三、个人心得

作为本益农信息社的信息员，我三年来在与农户、基地的沟通联系中，切实了解到农业信息的及时传达对农业生产、产品销售的重要性。在农业、农村发展中，新的理念和技术都是新鲜血液，是激发农业农村发展必不可少的。我与信息社一同成长的这三年，也让我从一个还拿着书本听农户大姐说问题的小姑娘，成长为现在和大家走进田间议办法谈意见的信息员。三年多的工作也让我意识到，在目前的农业环境下，"互联网＋"农业不仅仅是高端农业企业、园区的专属，也是农村生产中一大批农户的渴望。我希望在接下来的工作中，能有更多的机会提升自己，发挥自己更多的潜能参与到信息社的服务工作中，不断创新信息社的服务工作。

北京市延庆区小丰营村标准型益农信息社
王子寅信息员的典型事例

一、基本情况

按照农业农村部信息进村入户工程的总体要求，为进一步探索"互联网＋"农村新模式，积极回引外出务工优秀人才，助推脱贫攻坚，推动乡村振兴战略。2016年12月，在政府的大力引导、支持下，王子寅成为了北京市延庆区康庄镇小丰营村标准型益农信息社信息员，他致力于提升农村综合信息化水平，面向村民提供公益与便民服务，通过电子商务解决生活必需品进村与农产品出村难题、为农村生产与农民生活提供培训体验服务等工作，通过多形式推动"互联网＋"进村入户。

二、服务情况

小丰营村益农信息社成立以来，信息员王子寅始终心系百姓，用实实在在的行动去关爱帮助困难群众。王子寅作为信息员面向全村1 144户（2 276口人）提供公益、便民、电子商务、培训体验、数据信息采集等服务，先后提供种植、养殖、加工、包装、品牌、经营、销售、市场价格、政策咨询、补贴查询、物流等技术推广、咨询和帮扶低收入户等公益服务13 060次（件），提供金融（理财、存取款、信贷等）、保险（车险、财产险、学评险等）、医疗（医院挂号、义诊等）、票务（代购火车票、飞机票、电影票等）、缴费（水、电、煤气等）、代验营业执照等便民服务27 280件，电子商务提供生活必需品（工业品）下行、农产品上行1.268万斤①（件），提供智能手机应用、经济作物生产、健康生活常识等农民培训116次，参与培训的村民共计10 000余人，采集农村、农业、农民大数据信息400余户，王子寅作为延庆本地人，扎根农村，每天跟小丰营村的农民打成一片，急村民委员会之所急，想村民委员会之所想，自动为村民委员会的工作补位，每周维护村微信公众号，每天管理村微信群，辅助村民委员会写通知，做宣传，得到村民委员会的高度赞扬和全体村民的高度认可。

小丰营村由于人口众多，村民委员会各项工作任务繁重。自从大学生村官制度取消以后，村里的微信公众号和村互联网宣传工作长期无人维护，王子寅就自动担负起每周定期维护微信公众号的任务。因为白天益农信息社事情比较多，只要村益农信息社开门，总是有农民来充值、验照，要求小王帮忙从网上买东西卖东西，难以静下心来整理村里的大事照片，编辑各类宣传信息。小王只能下班回到家里以后加班加点地整理村里每天发生的大事，挑选好的素材，编辑整理成宣传信息，经过村书记审核通过后，及时发布到微信公众号、村网站及微信朋友圈里。及时新颖的新闻宣传推广类信息，通过互联网渠道扩散到全社会，提高了小丰营村口碑，宣扬了小丰营村的文化，促进了小丰营村农产品的销售，为此村民委员会亲切地称呼小王为"编外村委"。

三、个人心得

益农信息社将"互联网＋"三农工作落到实处，为农民做实事、做好事，帮助农村发展跟上城市发展的步伐。几年来，我一直从事益农信息社各项工作，虽然很辛苦，但各级领导对我高度认可，村民们也喜欢王子寅。

---

① 斤为非法定计量单位，1斤＝500克。——编者注

北京市延庆区西红寺村标准型益农信息社
闫世辉信息员的典型事例

一、基本情况

按照农业农村部信息进村入户工程的总体要求，为进一步探索"互联网＋"农村新模式，积极回引外出务工优秀人才，助推脱贫攻坚，推动乡村振兴战略。2016年11月，在政府的大力引导、支持下，闫世辉成为北京市延庆区康庄镇西红寺村标准型益农信息社信息员，致力于提升农村综合信息化水平，面向村民提供公益与便民服务，通过电子商务解决生活必需品进村与农产品出村难题、为农村生产与农民生活提供培训体验服务等工作，通过多形式推动"互联网＋"进村入户。

二、服务情况

西红寺村益农信息社成立以来，信息员闫世辉始终心系百姓，用实实在在的行动关爱帮助困难群众。闫世辉作为信息员面向全村423户（1 720口人）提供公益、便民、电子商务、培训体验、数据信息采集等服务，先后提供种植、养殖、加工、包装、品牌、经营、销售、市场价格、政策咨询、补贴查询、物流等方面的技术推广、咨询和帮扶低收入户等公益服务8 031次（件）；提供金融（理财、存取款、信贷等）、保险（车险、财产险、学评险等）、医疗（医院挂号、义诊等）、票务（代购火车票、飞机票、电影票等）、缴费（水、电、煤气等）、代验营业执照等便民服务11 302件；电子商务提供生活必需品（工业品）下行，农产品上行7.9万斤；提供智能手机应用、经济作物生产、健康生活常识等职业农民培训102次，参与培训的村民共计6 000余人；采集农村、农业、农民大数据信息300余户。信息官闫世辉一心为农民着想，扎扎实实地扑在村务服务工作中，勤勤恳恳地指导瓜农增收，获得了村民委员会的高度认可，得到了广大村民的广泛好评。

西红寺村种西瓜的历史可追溯到清朝，由于土地偏沙土性质，地处冷凉地区，昼夜温差大，生产的西瓜个头均匀、果型好、甜度高，西红寺的西瓜素有"清朝贡瓜"之称。近年来由于缺乏品牌意识，不适应互联网销售模式，西瓜多数通过大兴庞各庄销售。信息官闫世辉在北京中益农信息科技股份有限公司指导下，根据西红寺村的实际情况，制定了西红寺西瓜营销方案，经过村民委员会同意，确立了坚持品控标准不降低、拓展销售渠道不犹豫、宣传推广不松懈、树立品牌不含糊的方针。村民委员会与中益农公司负责顶层设计，闫世辉和瓜农抓落实。瓜农在生产、包装、销售、物流中的问题，随时到益农信息社找小闫，小闫都在第一时间热心帮助大家解决问题。一年下来，小闫帮助农民拨打12316咨询专家的电话多达712个，平均每天2个。每一家的西瓜快要上市的时候，都要找小闫帮忙拍照，撰写宣传销售文案，进行互联网和微信营销。为确保销售质量，每次农民送到益农信息社准备发货的西瓜，都会被逐箱进行检查。小闫被太阳晒得汗流满面，有时还不被村民理解，经小闫发出去的近14 000箱西瓜，没有一箱退（换）货的，为打响西红寺村的西瓜品牌奠定了扎实的基础。农民也从小闫的坚持中明白了优质才是品牌和信誉的保证，村里人都称闫世辉为"西瓜销售大王"。

三、个人心得

益农信息社的设立方便了村民，也增强了农村与城市的联系。这几年，我一直从事益农信息社各项工作，在做好各项服务工作的同时，我更多地关注如何帮助村民通过互联网寻找致富的出路，把村里的好产品卖出去，成为农产品销售的能手。帮助村民都体会到使用互联网的好处，获得互联网为生产生活带来的经济收益。今后我将会更加努力工作，积极奉献，不断创新，为村民做好各项服务。

天津市武清区城关镇南桃园村益农信息社
王曙征信息员的典型事例

一、基本情况

王曙征负责的天津市武清区城关镇南桃园村益农信息社成立于2015年9月。该社成立以来，以"便民、利民、富民"为目标，致力于为村民提供便捷信息服务，大力开展公益服务，帮助村里困难户解决难题，受到了广泛好评。

二、服务情况

信息员王曙征用实实在在的行动去帮助村民，积极为广大群众提供互联网商品代购、快递代收代发、生活缴费等便民服务，目前已累计服务群众约4 100余人次。王曙征与武清区城关镇医院取得联系，先后组织公益活动3次，为村里贫困户及老年人进行义诊，累计达到1 300余人次。

积极利用信息化手段帮助困难村民。2017年，本村贫困户王振华因妻子常年患病，生活不能自理，需要人长期照看护理，儿女又远在他乡务工，地里成熟的苹果无人销售，两千多斤的苹果滞销。王曙征积极与武清区益农信息社取得联系，共同在微信群和津农宝电商平台里发布寻找买家，不到一周，两千多斤苹果全部销售出去了。桃园村益农信息社成立以来，王曙征先后通过线上线下服务方式为周边36户贫困户销售各类农副产品约42.3万元。

创新思维，带领村民发家致富。在土地流转中，王曙征鼓励种地能手承包土地，帮助村民李新朋、李永刚、王玉超等人承包土地180亩[①]，促进经济收入最大化。鼓励支持村民李京京、李亚青、李新朋购买新型实用农机具7台，联系农机部门开展技术指导，从翻地、播种、施肥、浇水、收割等实现机械化，亩增收120元以上。同时，他积极组织村民利用信息平台销售农产品，让村民真正体会做电商的好处。

三、个人心得

益农信息社给农村群众带来了实惠，带来了方便，我个人也受到了群众好评。虽然工作中也存在不少困难，但我一定会继续干下去，实现我的人生价值！

---

① 亩为非法定计量单位，1亩≈667平方米。—— 编者注

天津市武清区小屯村益农信息社
孙宝忠信息员的典型事例

一、基本情况

孙宝忠负责的天津市武清区城关镇小屯村益农信息社成立于2016年3月。该社成立以来，始终秉承"服务三农、心系村民、共同致富"理念，以"助农惠农益农"为己任，积极开展"买、卖、推、缴、代、取"六项益农信息服务，用实际行动真心实意助农惠农，急村民之所急，解决农民最想解决的问题。小屯村位置偏僻，距城镇距离较远，村民们日常存取款、收发快递、各种缴费均需到镇里办理，极其不便。孙宝忠是一名基层党员，通过积极争取，成为一名益农信息员。他心系村民，充分借助益农信息社平台力量，将益农信息社建成农民群众之家，开展各类益农信息服务，受到村民广泛好评。

二、服务情况

（一）激活村级闲置资源，协助村级土地流转

小屯村现有村民2 600名，青壮劳动力将近1 000人，越来越多的年轻人不愿留在村里种田，选择到开发区、工厂上班，村里不少土地撂荒、无人耕种。看到这种情况，孙宝忠协助村民张继东成立了百川合作社，并注册了"捷成轩"等三个商标，随后与村集体及村内有意愿流转土地的农户沟通，以每亩800～1 200元的价格，帮助流转村级闲置土地1 000余亩，既帮助了合作社发展，又帮助村民每年增加土

地流转收入100余万元。

（二）发挥益农作用，服务广大村民

孙宝忠积极参加各级益农培训活动，借助现代化、信息化手段，开展"买、卖、推、缴、代、取"6项服务，积极与农商银行、邮政局、电力局进行对接，并与村委会进行协调，共同推进便民服务开展，解决了村民收发快递、交电费电话费、支取老年补助、粮补村民、存取款不便等困难，方便了群众。3年来累计服务群众3万余人次，存取款交易额600余万元，真正让农民体会到了益农信息社的便利。

（三）开展宣传推介，帮助对口帮扶县产品销售

结对帮扶工作是当前一项严肃光荣的政治任务。在武清区益农信息社号召和组织下，孙宝忠多次在本村组织围场等帮扶县农产品义卖活动，采用大喇叭广播、悬挂条幅等方式，宣传对口帮扶工作的重要性，组织村民献爱心，积极购买帮扶县的优质农产品，为帮扶工作献上自己的一份力量。

三、个人心得

自我们村益农信息社成立以来，通过各类培训，原本从事小商品买卖的我经营思路不断拓宽，通过开展益农信息服务，既增加了收入又极大方便了本村农民，周边村民也对益农信息社的服务赞不绝口。今后我将继续发挥基层党员的模范作用，努力把益农信息社做大做强，不断拓展益农信息社的服务功能，用现代化信息手段给广大农村带来新气象，为乡村振兴贡献一份力量。

天津市武清区太子务村益农信息社
韩红丽信息员的典型事例

一、基本情况

韩红丽负责的天津市武清区村店镇太子务村益农信息社成立于2015年10月。该社成立以来，始终以服务村民为宗旨，积极提供各种惠民服务，开展了20多项益农信息服务，着力推进"信息精准到户、服务方便到家"，受到了村民的广泛好评。

二、服务情况

太子务村益农信息社配置了益农信息服务终端机、银行机具、智能手机、计算机等设备，信息员韩红丽积极为村民提供市场行情、政策法规、农技推广、惠农补贴查询、小额提现、通信缴费、农业生产资料和生活消费品代买、电商物流代办等服务，在方便群众的同时，也在不断提升自己发家致富的能力。韩红丽积极开展网络代购服务，代购范围包括在"津农宝"农产品电子商城代购农产品、粮油副食、日用产品、零食批发等。代购的产品由专业配送人员免费配送，物美价廉，同时极大方便了村民需要，月均销售达到2万元。针对本村村民，尤其是残疾人、老年人以及很多下班回家晚的村民收发快递难的问题，韩红丽在运营商的指导下对接了多家快递公司。目前，月均收发快递量达到了1 000件以上，有效解决了村民的难题。例如，村民关女士每天晚上8点下班，网上购物快递寄送到镇上，总要等到歇班或倒班时才能去镇上拿，收到快递经常就是几天后了。自从益农信息社开展了快递业务，关女士可以及时取件，冷冻食品也能在网上购买了。韩红丽还开展了农资销售服务，为村民提供高质量的农资，月均销售10多万元。同时，她还帮助村民缴纳话费，月均缴费达到2万余元。

三、个人心得

益农社的建立方便了群众，同时也提高了我克服生活困难、服务村民的能力。随着益农服务内容不断丰富，群众满意度不断提高，我个人的家庭收入也在不断增加并获得了不少荣誉，我打心眼里感谢益农信息社这个平台！

河北省石家庄市藁城区韩家洼村益农信息社刘和宾信息员的典型事例

一、基本情况

刘和宾，男，藁城区南孟镇韩家洼村人，藁城区绿之宝家庭农场负责人，区人大常委会委员。2013年获得中华科教基金会"风鹏行动高素质农民"，2015年获得藁城区"十佳高素质农民"，2017年被石家庄市农业畜牧局选聘为益农信息社韩家洼村信息员。刘和宾致力于带动返乡青年创业、为农民提供便利服务、培训农村致富创业能手、推动"互联网＋"进村入户等工作。

二、服务情况

信息员刘和宾始终心系百姓，用实际行动帮助农民解决问题。他通过益农平台、"12316平台"以及各类农技推广软件等渠道，向广大村民提供农业生产经营、技术推广、市场行情等信息的现场咨询、电话咨询、视频诊断、短彩信推送、多媒体软件发布等服务。为解决农产品上行难题，他牵头组织家庭农场、合作社、种植大户成立了藁城区青农汇优质麦种植专业合作社联合社，经营土地达到2.1万亩，涉及农户4100户，种植基地11个，以种植"藁优"强筋麦为主要产业，与藁城区农科所建立强筋麦繁种基地。刘和宾积极联系宁夏国家粮食储备库藁城办事处——石家庄宁冀和粮贸有限公司，签订强筋麦粮食购销合同，发展订单农业，使每亩收益增加110元；以抱团形式帮助农户代购农药、化肥等农资，降低投入8%，每亩可以节本增效200元。刘和宾致力于发展农业生产社会化服务体系，成立了专业化防治服务队，购置大型病虫害防治机械14台套，日作业能力6 000亩，为周边农户、合作社开展病虫草害统防统治服务，每年的防治面积达到12万亩。2018年，小麦春管"一喷多效"环节因技术先进、措施到位，得到了各级媒体的关注，新华社、光明日报、经济日报、中央电视台四家中央级媒体全部刊发报道。

信息员刘和宾的家庭农场作为河北省新型职河业农民培育实训教学基地，已累计培训职业农民学员2 000多人次，示范带动作用明显。农业生产中，刘和宾注重引进新科技成果，形成了"优质品种+小麦无畦密植+水肥一体化+绿色防控+深耕深松+秸秆还田+全程机械化"绿色高质高效种植模式，实现了节水、节药、节肥的可持续发展，不仅保证了农产品质量，而且每亩节本增效200余元，效益逐年提高，带动作用明显。

三、个人心得

益农信息社的设立，不仅多渠道地普及推广了农业知识，而且更加方便、快捷、及时地反馈和解决了村民实际生产过程中遇到的问题。从事益农信息社的各项工作虽然很辛苦，但在各级领导的帮助和支持下，信息社的工作已经走上了正常轨道，也受到了广大群众的好评和认可。在服务农村、服务农业这条道路上，我会再接再厉，相信这条道路会越走越宽广。

河北省秦皇岛市抚宁区台营镇扶崖沟村益农信息社张巧臣信息员的典型事例

一、基本情况

2017年，秦皇岛市抚宁区台营镇扶崖沟村益农信息社建立，张巧臣被选定为信息员，该村处于山区，交通不便，他在村里开办了超市及农村电商农资服务站，为村民提供多项服务。张巧臣把河北省信息进村入户工程当成自己的事业，多次参加秦皇岛市农业局、抚宁区农牧局以及运营商组织的一系列有关农村信息进村入户工程的培训活动，掌握了益农信息社各项服务内容以及操作过程，能够通过电脑、手机终端设备精准为全村农民开展公益服务、便民服务、电子商务服务、培训体验服务。

二、服务情况

（一）积极开展公益服务，助力农业生产

作为一个益农信息员，张巧臣自己甘愿做"公益消防员"，无偿为村民看家护林，积极为村民普及消防知识；他还通过互联网平台为村民免费提供招聘信息，为村民搭建创业就业平台。

（二）努力做好便民服务，推广互联网＋服务

张巧臣建立了本村的微信群，帮助百姓上网购货并收存网上快件货物，整合到云农商电商平台，使村民能够线上销售苹果、板栗、核桃、桃等农产品，为村民增加了收入，解决了"卖难"难题。他通过

百货超市及农产品销售服务，满足村民的日常生活需求。他通过与环球旅游公司和名阳保险公司协商，为本村村民开展旅游和保险服务，共服务200多人次。他还与抚宁区农业银行合作，设立助农取款点，为村民提供了养老金代发、转账、代缴电话费等服务，老年人可以足不出村领取养老金。他还通过与电信、移动、联通合作，为村民安装宽带网络和办理手机卡业务。

（三）积极举办培训体验服务，提升农产品种植技术

张巧臣通过多方协调，邀请到了专家教授免费为村民培训种植技术和创业技能，培养出一大批具有剪枝、套袋等职业技能的农民，组建农事服务团队成员20人，为种植大户提供农事服务。张巧臣借助扶崖沟益农信息社平台，聘请到了国家农科院苹果之父——汪景彦教授等专家，为本村和临近5个村村民提供现代农业技术培训，培训累计达12场，参加培训2 100人次。举办了学时30天的农业技能培训班2个班，学员累计120人。

三、个人心得

我担任益农信息员以来，受到了领导和群众的好评，深深感觉到益农信息员的重要性，尽管工作中会遇到各种困难，但我从未退缩，群众的要求就是我工作的动力，群众的希望就是我工作的目标，今后我会更加努力地带动全村农业信息化发展，服务村民，为推动益农信息社建设做出自己的贡献。

河北省石家庄市正定县北王庄益农信息社
许银生信息员的典型事例

一、基本情况

许银生，男，正定新城铺镇北王庄村人，当过兵，6年前被选为村农技信息员，后来加入新农村大喇叭服务体系，获2017年优秀村级技术员。在政府的大力引导、支持下，他成为河北省正定县新城铺镇北王庄村益农社信息员，致力于带动返乡青年再创业、推广本土优质农副产品外销、提供便民办事服务、培训农村创业致富能手等工作，通过多形式推动"互联网＋"进村入户。

二、服务情况

2017年年初，在正定县农林畜牧局支持下，我们村建设了益农信息社，具备"买、卖、推、缴、代、取"六大功能。同时，许银生被聘为村级信息员，主动开展"公益服务、便民服务、电子服务、培训体验"四项服务内容。在服务过程中，积累了丰富的典型案例，具体如下。

（一）创新模式

许银生加入益农信息社后，安装了新农村大喇叭，形成了"益农信息社＋新农村大喇叭"服务新模式；在服务过程中，充分发挥新农村大喇叭"灌输性强、及时性好、覆盖面广"的宣传优势，及时将益农信息社的服务内容通过大喇叭广播出去，有效解决了信息传递"最后一百米"难题。对于重点的农业技术知识，如"小麦一喷三防"技术，会再多喊上几遍，让农民朋友及时采取防治措施，降低损失，提高产量。

（二）公益服务

益农信息社成立后，会不定期组织些公益活动，如邀请河北省农科院花生专家程增书研究员，为村民讲解花生栽培技术；组织市级医院到村里为群众免费义诊；主动为村里想学技术的孩子咨询石家庄高级技校；等等。

（三）便民服务

在便民服务方面，开展了交话费业务，为村民提供便利；与平安保险合作，通过平安 APP 为村民代办车险业务，方便村民不出村办保险；开通了银联的便民取款业务，方便村民小额取款业务；还成立了旅游报名点，方面群众外出旅游。

（四）电商服务

加强电商服务功能，一是充分与村民交谈，了解需求，宣传推荐群众需要的产品和服务；二是定期开展线上活动，不定期开展线下活动，提高农民群众的认识水平，接受电商服务，相信电商服务，习惯电商服务；三是发展电商会员，形成会员制，培养会员使用黏性。

（五）培训体验

为了提高培训体验，许银生专门注册了 QQ 群、微信群，方便村民咨询各种信息，能够解答的直接解答，不能解答的通过"12316"电话咨询专家，得到答复后再回复村民。对于比较集中的重点技术问题，邀请专家到村里进行集中培训。

三、个人心得

自从加入益农信息社以来，群众咨询的问题越来越多，从一开始的每天几个到现在的十几个，农忙时甚至还会达到几十个，咨询方式也各不相同，有来门店问的，有打电话的，也有发微信的，咨询满意度能够达到95%以上。在为村民服务的同时，自己的技术水平和服务水平也不断提高。通过加入益农信息社，让我真正成长为"懂农业、爱农民、爱农村"的新型农民和优秀的信息员。

山西省阳泉市平定县柏井镇益农信息社
杨玉国信息员的典型事例

一、基本情况

在全市实施"互联网＋"战略，促进城乡要素融合互动，助力乡村振兴、脱贫攻坚，全面建成小康的战略背景下，阳泉市柏井三村中共党员杨玉国同志，秉承"服务一村、带动一片"的理念，于2017年主动申请将自身经营多年的农村电商网点加入益农信息社，将原先单一的电商服务，扩展为"公益、便民、电商、培训体验"四类服务，实现了涉农信息精准推送与信息社发展互促共进。

二、服务情况

阳泉市柏井镇益农信息社以助销、减支为核心，公益、便民为基础，农民培训、农村电商、贫困村特色农产品代销、生活缴费、政府公益、在线咨询、旅游集散为主要服务内容，让农户真正体会到信息进村入户带来的实惠。

（一）公益服务便农

一是助推政府公共服务。2018年，阳泉市平定县人社局为进一步便利农村60周岁以上老人社保认定工作，将社保认定APP入驻益农信息社。该站点一方面积极帮助使用智能手机终端的老年人下载注册，另一方面免费为无智能手机老人开展免费认证服务，截至目前共帮助认证服务630人次。二是开展政策宣传工作，免费向百姓提供涉农政策查询服务，同时，利用信息社人流量大的特点发放各类涉农宣传资料 1 200 份。三是充分发挥资源整合优势，搭建便民生活服务平台，截至目前共为农户办理手机卡 80 余张，开通宽带 50 多条，话费充值 2 600 余次，电费缴纳 1 300 次，订购火车票、飞机票 150 余张，小额提现 350 余人次。

（二）电商服务惠农

柏井镇益农信息社从 2014 年 10 月开始从事电商服务，通过阳泉市向日葵信息技术服务有限公司实施的"乐村淘"电商项目，入选"2015 年阳泉市十大经济新闻"。年货节该社以订单额 28 万元全省排名第三。2016 年，平定县网上供销社年货节该社以订单额 19 万元全县排名第一。目前该社又拓展加盟了顺丰快递、圆通快递、京东物流，累计为民服务 80 000 余单（件），其中送货到家 12 000 件。

助销工作：脱贫攻坚电商扶贫工作开展以来，柏井镇党委和政府依据本地实际情况，在考察论证后，开展了蛋鹅和肉鹅养殖项目，辖区井峪村、将军峪村、南青村、甘桃驿村实施了蛋鹅养殖。该社对养殖项目进行积极帮扶，以鹅蛋每只 10 元，肉鹅每只 50 元的网销价格远销河北、徐州和山东淄博等地，销售额达 1 万多元。

减支工作：通过代购模式为老百姓买到更丰富、更便宜的消费品、农资产品。2018 年 4 月，正值农资采购高峰期，周边农户通过益农信息社电商平台购买到的种子、化肥，比传统经销商便宜约 4.5%，通过该社购买家电、手机等电子产品，比传统农村经销店便宜约 8%。截至目前，该社累计代购服务 8 600 余人次，减少支出约 6 万多元。

（三）培训体验助农

柏井镇地处山西省平定县东部，全镇辖 30 个行政村，总人口 19 085 人，耕地 40 473.45 亩，但土地贫瘠，资源匮乏，主要农作物有玉米、谷子、豆类和薯类，畜禽饲养以鸡、鹌鹑、猪为主，属于农业为主的乡镇，因此开展涉农培训成为益农社的重要任务。作为柏井镇最早建设的益农社，该社承担着镇级中心站功能，自2017年投入运营以来，依托自身优势组织开展了网络营销、活动策划以及高素质农民培训等主题活动，开设培训班6期，培训高素质农民1 260人次，服务农业田间管理和病虫害防治等农业生产线上咨询60余次，有力地促进了当地农业生产发展。2018年，我省"12316"微信公众服务开通后，将成为首批入驻信息社，届时可为周边农户提供政策、法律、市场、农业生产技术等更为全面的农业农村信息服务。

三、个人心得

自从加入益农信息社之后，虽然服务事项和内容增多了，但是作为一名党员，我的自身价值也在服务"三农"的过程中得到了进一步体现。近年来，我先后获得"平定县人口普查先进个人"称号、"柏井镇优秀共产党员"等荣誉，得到了广大群众的认可。

山西省吕梁市临县白文村益农信息社
袁海峰信息员的典型事例

一、基本情况

山西临县白文镇白文村益农信息社信息设施设备齐全，服务功能全面，拥有公益便民服务室80米²，负责人袁海峰。自2015年承办以来，在临县电子商务园区的领导下，益农信息社与农业银行、建设银行、联通公司等对接，搭建了线上代购代销、线下快递物流、代办社会保障卡及养老金的领取等业务，把"互联网＋"信息进村入户的扶贫政策与利民精神传送到千家万户。方便了当地老百姓，让许多村民受益。

二、服务情况

（一）电商服务

帮助好多老百姓的手机上下载淘宝、京东、唯品会、拼多多等网购平台，帮助老百姓下载58同城、惠农网等APP，让老百姓能看得更远，懂得更多。同时也打开了老百姓的需求欲望，提高了老百姓的生活质量。如本村2017年土豆收成好，本地的人们压价，可许多人又不愿意便宜卖。袁海峰在惠农网上看到信息后，联系上了山西的刘总，收购价格比当地的收购价每斤高了一毛钱，几十万斤土豆多卖了几万元，老百姓高兴得不得了。白文镇唐家沟村有好几年的蓖麻6万多斤，以前价格高舍不得卖，去年价格在两块二，不想卖，所以一直没卖出去。袁海峰开动脑筋，在"一亩田"上联系了山东的田总，发了样品，田总看了样品后，以每斤两块五的价格全部收购了。本村村民田四全，想给新修的房子装个热水器，可安装太阳能价格高。袁海峰在淘宝网上给他买了一个电热水器，厂家派人上门安装好，一共才花了900元，比实体店少花了1 000多元。本村一个五保户老人，年岁大了，因为买东西方便，想买一个电动三轮车，袁海峰帮他在网上买了一辆，花了2 400元，比实体店便宜了700多元。诸如这样的事情很多。信息社为客户对比质量，精挑细选，让老百姓不花冤枉钱，一步到位，减少了许多支出，换来了老百姓的满意。

（二）便民服务

始终心系百姓，用实实在在的行动去关怀贫困户，积极与他们沟通思想，提供信息知识，快递代收代购，积极了解农民的需求，为老百姓代购农机具及生活用品600余人／次、代缴养老金4 000人／次等多种便民服务，既为老百姓节省了时间，同时也给当地服务机构减轻压力。

（三）公益服务

白文村益农信息社先后到村里宣传、提倡农户种植绿色农产品8次，让村里的农户认识到绿色农产品的好处，也得到了老百姓的支持。为了进一步响应"互联网＋"扶贫农民的优惠政策，袁海峰从2015年回老家到现在，一直致力于为老百姓办实事、办好事。通过这几年的努力，他得到了老百姓的认可和当地政府部门的表彰。2017年春季，他了解到一个谷子新品种适合当地种植，就宣传组织老家的农民种植，还自己花钱买好种子分给农户种植，让他们比较哪个品种产量高，哪个品种更适合当地种植。刚开始只有10户农民选择了这个新品种，到了2018年春季，有农户直接打电话让袁海峰帮他们订这个品种的谷种。只这项工作就给100多户农民带来了增产，由原来的亩产400斤到2018年的亩产920斤，每户增收约2 000元，让当地老百姓真正体会到了益农信息社的贴心服务。

另外，益农信息社还大胆创新，积极探索，成立了由信息员袁海峰带头的残疾人创业点，当地为残疾人提供电商销售技能培训，并安排在袁海峰的快递公司上班，让他们有了基本的经济来源。如，本村有个残疾青年赵谈珍（可以开三轮摩托车），因为肢残，不好找工作，生活相对困难，袁海峰就让他在快递公司上班，送快递；本村贫困户张小丽，因丈夫肢体残疾，无法行动，她本人也身体不好，袁海峰让她来益农信息社上班，分发快递，帮助她有了一份固定收入，帮她解决了生活来源问题。

三、个人心得

我十分认真地做这个工作，在工作中遇到不懂的难题，积极请教，从原来的"默默无闻"到现在成了方圆30里的"样样精通"，也给村民带来了很大的帮助，袁海峰决心要继续运用好信息社平台，做好农产品质量监管，让农村"三资"管理等陆续上线，并且使"农村最后一公里"的问题得到有效解决。

山西省临汾市隰县城北村益农信息社
杨文明信息员的典型事例

一、基本情况

杨文明负责的山西省临汾市隰县城北村益农信息社成立于2017年6月。该社成立以来，采取"服务三农，资源共享，共同发展"理念，以"便民、利民、富民"为目标，积极开展公益、便民、农产品电子商务和培训体验四大服务，提高农民的现代化信息技术应用水平，为农民解决农业生产上的产前、产中、产后问题和日常健康生活等问题，农户不出村就可享受到便捷、经济、高效的生活信息服务，彰显了"互联网＋"益农信息社的效果，形成了信息社和农户双赢的格局。

二、服务情况

（一）信息服务功能齐全

益农信息社设施设备齐全，服务功能比较完善，拥有农产品电商展示展销区280米²、培训体验室70米²、电商服务区150米²、办公室70米²、多功能会议室90米²、投影仪1台、电子显示屏1台和电脑10台。入驻天猫及京东商城，开设"贡满仓"旗舰店1个。全镇为贫困户开设淘宝E店200个，有基础创业指导老师6人，运营管理人员32人，新建农产品仓库800米²、900吨恒温库一座。为保障公益、便民、农产品电子商务和培训体验四大服务打下了坚实基础。

（二）公益服务效果显著

隰县果品总产量大，年产2.25亿公斤，产值6亿元，农业部将其命名为"中国金梨之乡"，同时，隰县还是临汾地区玉米、小杂粮生产区。益农信息社积极响应国家号召，助推精准扶贫，利用"12316"和电商平台，对接贫困户297户，围绕本地区特点，结合全县精准扶贫脱贫规划，建立"一村一品一主体"的目标，引导企业同全镇630户农民签订小杂粮种植购销合同，种植面积3 900亩，其中贫困户221户；聘请专家开展技能提升培训8场次；发布政策法规、惠民政策、农产品市场信息及种植技术等信息320余条，帮助贫困户解决就业33人，受益贫困户人均增收2 500元以上。益农信息社得到了广大农户的一致好评，满意率达到了90%以上。

（三）便民服务开展良好

益农信息整合党建、商务、供销、邮政、农行、村委等单位资源，充分发挥主渠道引领作用，共同推进便民服务，为当地村民提供代购代买、代收代发等增值服务1 000余笔；帮助当地农民解决农产品及梨果产品储存渠道窄、产品销售难问题，利用公司销售渠道，直销小杂粮12 500吨，计2 650万元；梨果销售760吨，计912万元。方便了群众，增加了收入。

（四）创新服务求发展

信息社依托金土地公司入驻天猫商城及京东商城、淘宝C店和E农管家等平台，开设"贡满仓"旗舰店1个。以订单销售方式与农户和贫困户结成利益联结机制，着力推进农产品网上销售，建立小杂粮种植基地3 500余亩。一年来，益农信息社实现网上直销农产品4类，10余个产品，销售额970余万元，帮助农户630户（其中贫困户297户）销售农产品3 900余万元，农户户均收入4 200元，解决了产得下、卖不出的问题。进一步保障农户眼前利益和长远利益并重，地上经济和林下经济并举，解决温饱和建设小康并进。为百姓服务、为政府分忧，为县域经济贡献，加快农民增收脱贫步伐。

（五）队伍培训讲方法

狠抓信息队伍培训，采取"送出去，请进来"的办法，组织创业人员进行专业培训，培训人员达455人次，开展孵化培训10余次，扶持创业农民和大学生8人，为实现乡村振兴战略提供了有力的支持。

三、个人心得

益农信息社的设立解决了农户农业生产上产前、产中、产后问题和日常生活等问题，方便了群众，增强了干群感情。我担任村级信息员以来，一直从事益农信息社各项工作，虽然很辛苦，但各级领导对我高度认可，群众也对我诸多好评。

今后我将进一步加大农业生产和农业栽培技术上的信息发布量，以便民、惠民、利民、富民为目标，采取市场化运作，在帮助农民促销减支上下工夫，发挥电商优势，积极参与组织开展多种形式的信息服务，实现农户不出村、新型农业经济主体不出户就可享受到便捷、经济、高效的生活信息服务的目标。

内蒙古自治区赤峰市巴林左旗房身村笤帚苗园区益农信息社王清森信息员的典型事例

一、基本情况

王清森负责的内蒙古自治区赤峰市巴林左旗房身村笤帚苗园区益农信息社成立于2016年3月。该社成立以来，秉承"服务三农、资源共享、共同发展"理念，积极开展公益服务、便民服务、电子商务服务和培训体验，使农民足不出户就可享受到信息化带来的便利。2017年，该社被农业部授予全国"益农信息社百佳案例"荣誉称号。

二、服务情况

（一）公益服务效果显著

益农信息社积极宣传当地政府鼓励笤帚苗产业发展的资金补贴政策，为农民提供生产技术指导和市场信息服务，带动新建7个笤帚苗加工厂，新建车间、库房达到2万多米²，大大提高了笤帚苗企业的加工转化能力。现已拥有7大系列、100多个花样品种的加工流程，年加工销售普通笤帚3 000多万把、精品笤帚500万把，销售原苗4 000多万公斤。

（二）培训体验初见成效

围绕当地特色产业发展、精准扶贫和农民增收，聘请农技专家开展笤帚苗产业培训16期，培训学员800多人次。免费发放笤帚加工机械1 000台，选择自主创业3 000多人。

（三）便民服务开展良好

利用益农信息社平台，为当地村民销售农产品、话费充值、买车票、购买所需农资和生产生活用品，并及时提供各种商务信息、专业培训信息、行业评比交流信息，方便了群众。

（四）电子商务成效明显

依托益农信息社，与闪讯集团合作打造"淘宝村"基地。现已在淘宝网上注册114家笤帚店铺，其中活跃店铺已达到62家，线上交易额突破年1 400万元。

（五）品牌创建积极开展

注册了"敖包""东傲""契丹情结""吉祥福""老呔"等笤帚制品系列品牌商标和"中国笤帚苗"地理标志，有效提高了笤帚苗产品的知名度和影响力。

三、个人心得

益农信息社的设立，方便了群众的生产生活，疏通了干部群众沟通的渠道，密切了党群干群关系。本人在工作中也受到了启发和锻炼。2018年，信息社所在的巴林左旗笤帚苗产业园区累计接待周边旗县、省市自治区来访宾客8 800多人次。下一步，我们将把握新常态下供给侧结构性改革的精神，推动特色产业提档升级，创建全市"3661"工程示范区，实现60%以上农户流转到笤帚苗种植基地统一经营，60%以上农户加入到产业协会中来合作经营，产业带笤帚制品加工率达60%以上，下力气建设好全旗脱贫就业创业基地和特色产业发展基地，进一步打造好"中国笤帚苗之都"这张产业名片。

内蒙古自治区赤峰市巴林左旗野猪沟村
振兴益农信息社胡振合信息员的典型事例

一、基本情况

胡振合负责的内蒙古自治区赤峰市巴林左旗野猪沟村振兴益农信息社成立于2015年11月，它是依托巴林左旗兴业源振兴农副产品加工专业合作社建立起来的。该社成立以来，秉承"服务三农、资源共享、共同发展"理念，以"便民、利民、富民"为目标，积极开展公益、便民、农产品电子商务和培训体验四大服务，已成为农民群众之家，彰显了"互联网＋"益农信息社的效果。该社于2014年获得"中国50佳合作社"荣誉称号，并被中国国际商会吸纳为会员单位。2017年，被农业部授予全国"益农信息社百佳案例"荣誉称号。

二、服务情况

（一）公益服务惠民生

赤峰市巴林左旗野猪沟村振兴益农信息社成立以来，信息员胡振合始终心系百姓，用实实在在的行动去帮助困难群众，先后组织开展公益活动6次，带动贫困户68户，并多次救助贫困大学生，累计救助资金达6万余元。为基地农户提供农机深翻作业1.21万亩，发布信息1 060条，聘用农艺师、田间管理技术人员、市场营销、财务管理、粮食加工仓储技术人员、粮食质检员、检验化验员等40余人，提供专家服务近40例，发展有机杂粮基地2.31万亩，覆盖左旗隆昌镇、哈拉哈达镇、富河镇3个乡镇。

（二）便民服务效果佳

积极为广大群众提供互联网商品代购、快递代收代发、农资农具代购、生活缴费等便民服务，截至目前，已累计服务群众约6 400余人次，真正让群众体会到了益农信息社带来的便利。

（三）电子商务促增收

为解决当前贫困户农副产品销售难的问题，信息员胡振合克服平日事务繁多的困难，努力通过书本里、电脑上、培训中加强学习，积极探索"互联网＋精准扶贫"模式下的农村电商发展，借助电商渠道和网络优势，把农产品资源"引流上线"，包装推广本地贫困户家中的优质农副产品。截至目前，已为12户贫困户销售粮食、土鸡、土猪、水果等农副产品近18万元，每户贫困户约增收1 400元。

（四）培训体验提能力

开展了农业部信息进村入户、农民手机应用技能、创业培训班和农业知识培训班4期，共培训学员300余人次。

三、个人心得

益农信息社的设立方便了群众，也增强了干群感情。几年来，我一直从事益农信息社各项工作，虽然很辛苦，但各级领导对我高度认可，深受群众好评，群众满意度也非常高，连续多年获得多种荣誉。

内蒙古自治区巴彦淖尔市临河县团结村
益农信息社白宏钧信息员的典型事例

一、基本情况

白宏钧负责的内蒙古自治区巴彦淖尔市临河区团结村益农信息社成立于2016年10月。该社成立以来，致力于带动返乡青年再创业、推广本土优质农副产品外销，提供办事便民服务，培训农村创业致富能手等工作，通过多种形式推动"互联网＋"进村入户。

二、服务情况

（一）信息服务功能齐全

团结村益农信息社直接与当地各个政府职能部门、京东电子商务平台对接，服务功能比较完善，拥有公益便民服务室30米²、农产品电商展示展销室60米²、培训体验室80米²、办公室40米²，为保障公益、便民、农产品电子商务和培训体验四大服务落实打下了坚实基础。

（二）公益服务效果显著

2016年开始，对团结村和马场地村1 683户5 049人进行了覆盖式走访，全面摸底两个村村民的生产生活情况。为每户村民在手机上安装了京东农资APP软件，让农户足不出户在手机上就可以挑选购买物美价廉的农资产品。与星火科技12396平台对接，按照种植、养殖季节性规律，邀请市、区有关农牧业专家，到农户家中或田间地头，为农户解决农牧业生产中的实际困难16场次，不定期举办农牧业技能培训会12场次，引导农户科技种田，及时调整产业结构。

（三）便民服务开展良好

以益农信息社为骨干，整合党建、商务、劳务公司、卫生院、邮政、镇政府、村委会等单位资源，充分发挥主渠道引领作用，共同推进便民服务。一年来，为当地村民提供就业岗位156人次，健康讲座及义务诊疗300多人次，受到当地群众高度好评。

（四）电子商务成效显著

协助团结村和马场地村建立村级电商服务站，构建网上农贸市场，打造"产—供—销"一体化的经营模式，在促进"特色农产品、生活用品进校园"的同时，推动"工业品下乡"。一年来，帮助农户销售9类60余个产品，销售额80余万元。其中贫困户30户，销售额20余万元。进一步推动了特色产业发展，加快了农民增收脱贫。

（五）孵化示范起色较大

秉承资源共享、信息共享、平台共享的原则，积极邀请返乡青年参与"互联网＋"形式下的乡村振兴发展，组织开展了以网络营销、产品包装推广、活动策划等主题的培训250人次，先后推送6名优秀青年担任村级益农社信息员，孵化农村电商14家。

三、个人心得

益农信息社的设立方便了群众，也增强了干群感情。几年来，我一直从事益农信息社各项工作，虽然很辛苦，但各级领导对我高度认可，深受群众好评，并获得各项多种荣誉。

辽宁省大连市金普新区裴屯村大连菖乐农业专业益农信息社姜呈呈信息员的典型事例

一、基本情况

2014年，女大学生姜呈呈毕业后加入了30人规模的大学生创业团队，成为裴屯村菖乐农业专业合作社一员。合作社有会员565户，占地1 758亩，其中建有1 000亩油菜花田发展乡村旅游，建22栋蔬菜、大樱桃大棚开展采摘体验，开设电商平台和实体店扩大销售，带动就业300余人，成为辖区具有代表性的大学生创就业基地。姜呈呈跟随团队一同成长起来，逐渐在工作中崭露头角。2015年大连市农业信息中心推荐合作社建设益农信息社，通过全省信息进村入户大平台大力发展农村电子商务，推动村里农业转型、带动农民增收。姜呈呈成为菖乐农业专业合作社益农信息社信息员。

二、服务情况

姜呈呈充分发挥返乡大学生的创业热情，运用"互联网＋"的现代营销思维，带动益农信息社拓展电商渠道，与全国知名的大连本土生鲜电商"一禾公社"结成战略合作伙伴关系，携手发展，并且开设自己的微商城。她与合作社大学生创业团队一起组织村里的农产品"出村进城"，从产品筛选、设计包装，到宣传文案设计，再到微信、微博、推广发布，都积极参与，出谋划策。团队成员们吃住在村里，没节假日没休息日地建设完成了"村里人农货大集"微信线上销售平台，与"邮农丰"合作在大连市内设立了4个农产品直营店，帮助村民销售跑山鸡、黑猪、咸鸭蛋、大樱桃等土特产农产品，零售额超过145万元。

裴屯村萱乐农业专业合作社益农信息社致力于带动返乡青年再创业、推广本土优质农副产品外销、提供便民办事服务、培训农村创业致富能手等，通过多形式积极推动"互联网＋"进村入户，帮助村里贫困户解决农副产品销售难的问题。当地一户种章丘大葱的农民，名叫易得林，他家的大葱每年几万斤的产量，传统的销售方式不但价格低而且周期长，损耗较大。益农信息社信息员姜呈呈帮助他在平台上发布了自己种植的章丘大葱的信息，很快便有商家通过此平台联系到了他，经过沟通和洽谈，为大葱打开了新的销路。他家大葱的种子售卖也通过益农信息社这个平台很快得到了解决。他还带着几个种植不同农作物的村民来到村委，学习益农信息社网上信息发布的方法。村民们兴奋地说："现在的科技真发达，老百姓卖东西再也不愁了，感谢益农信息社这个平台为老百姓带来的这些方便。"自从益农信息社入驻村子后，许多老人交电话费再也不需要跑到镇上较远的营业厅，在村子里就会得到益农信息社的帮助。有的老人家也学会了操作，自己就可以在网上缴费了。平日，裴屯村益农信息社的门口会有许多村民来查看农事状况，会请姜呈呈将自家生产的农副产品信息发布在网上。通过供求信息的发布，村民卖了自家的东西，也买到了自己想要的产品。当地一些上了年纪的老大爷，身体不适，儿女不能常伴身边，经常需要去医院检查身体，每次去都要排很长时间的队。自从益农信息社入驻村子后，老人第一时间过来学习怎样在网上挂号。他们说这些先进的东西他想都没想过，让他们这些上了年纪的人也学会了互联网，不出村就能跟城里人一样预约挂号。

益农信息社卖的产品，村子里的老百姓大多来买过，老百姓说这些产品不仅价格合理，而且品质很好，还方便。有的村民会提前打电话订购益农信息社的产品，说家里现在吃的、用的基本全是益农信息社的产品。质量有保障的各类商品很受村里老百姓欢迎，这些品种齐全的产品无疑给村里人带来了极大的方便。

姜呈呈作为信息社的信息员，能够创新思维，积极探索，带领更多返乡青年用双手实现乡村振兴战略梦。在她的积极努力下，益农社始终秉持资源共享、信息共享、平台共享的原则，积极邀请返乡青年参与"互联网＋"形式下的乡村振兴发展，组织开展帮助返乡农民工、留守青年、种养农户实施创业行动，组织开展农业绿色种植养殖、店铺开设、电商运营、增值服务等培训，提升信息社的影响力和凝聚力。益农信息社成立以来，开展孵化培训10余次，培训500余人次，接待前来学习参观300余人次。并通过国家新型职业农民培训项目为金普新区老百姓传授农业技术知识和互联网实操技术等。

三、个人心得

益农信息社的设立既方便了群众，也让我从中得到了锻炼，开拓了眼界。几年来，莒乐益农社得到了各级领导的高度认可，得到了村民的好评，使我对未来要走的道路更加期待与自信。下一步我还将继续在各方的支持下引入更多的资源，努力将各项服务做得更加扎实、精准。

辽宁省本溪市溪湖区火连寨村公路
益农信息社王洪刚信息员的典型事例

一、基本情况

辽宁省本溪市溪湖区火连寨村公路益农信息社成立于2016年11月。该社成立之初就将发展模式定位为"互联网＋市场＋公益"，力求通过新兴的信息网络技术、电子商务等科技手段和市场化思维实现动态的可持续的信息进村入户新模式。作为本溪市最早的25个信息进村入户工程级示范点之一，公路益农信息社的建立改变了村民的生活，打通了他们的致富大道。

二、服务情况

火连寨村位于辽宁省本溪市西部，农业生产以果树种植和畜牧养殖为主，多条城市快速路、主干道在此交汇，占尽资源优势和地理优势。但由于缺乏科技和市场信息，这里的农业生产常常滞后于市场需求。自从公路益农信息社成立以来，信息员王洪刚走村入户帮助乡亲们合理安排农业生产，理清发展思路，在为农户寻找致富门路工作上渐渐取得初步成效。截止到目前，公路益农信息社已累计为村民实现便民缴费15万元，农产品网上交易额120万元，即便是在农产品收获淡季期间，交易额每月也有2万元，交易额最多时能达到十几万元，进一步提高了村民生活水平，极大地活跃了该村经济的发展。

"益农信息社＋智慧农业"成为开启农家致富大门的"金钥匙"。

益农信息社帮扶当地农户推广农产品之事不胜枚举，它早已成为家喻户晓的农民好帮手。当地的尖把梨素有"溪湖贡梨"的美称，但每到收获的季节，小规模种植户们却会因为种植规模小和市场价格不稳等因素，收益受到极大的影响。自从王洪刚的益农信息社运营以来，当年就帮助果农做成了十几笔网上生意，交易额近5万元。农户的需求千差万别，为了解村民需求，王洪刚就逐家逐户搞好调查，分门别类建好调查档案，实行订单式服务。村民老王地里的30多亩玉米即将丰收，却为销路发愁，抱着试试看的心态，他找到王洪刚的益农信息社，发布了玉米即将成熟待售的信息。第二天，商家的电话就打来了，老王向益农信息社反馈，前后一共有12个外地客商看到信息后找他采购，30多亩玉米很快销售一空。通过益农信息社的推广，当地土产品变成了"香饽饽"，应季果蔬、土鸡、土鸭、土蛋等农特产品非但不愁卖，还出现了供不应求的状况，而且极大地提高了溢价能力，利润比往年高出了一倍还要多。益农信息社为村民找到了优质农产品销售渠道，村民们再也不用担心自己的产品背到集市上去无人问津了，更不用担心大部分的利润被中间商赚取，这让他们更有动力来做好自己的种植和养殖产业。

益农信息社信息员认真履职，甘于奉献，愿做村民致富的"情报员"。每天，到公路益农信息社"打探"消息的村民很多，目的就是要知道市场行情。王洪刚及时将各地买卖信息汇集到一起，向村民们"通风报信"，使大家足足地赚上几把。益农信息社诚信经营，使大家尝到了甜头，农产品不仅销路好，还能卖了个好价钱！公路益农信息社"身兼多职"，进货、摆货、帮乡亲们在网上缴费，还帮村民解决种植养殖难题，有时就在店里直接帮他们联系"12316"金农热线，和专家来个直播互动，有问必答。很多村民反映，招工信息大家很欢迎，对促进就业很管用，王洪刚就筛选出适合大家的岗位，发布何处招工、工资水平、上岗条件等信息，为村里劳务输出搭建了重要桥梁。益农信息社真正实现了为村民提供便民、惠民、利民服务的宗旨。

三、个人心得

如今，我也有了自己的粉丝团，大家天天围着我的朋友圈互通有无，对益农信息社的工作越来越了解，越来越认可，认为党的惠农政策越来越贴近民生，越来越接地气。农业只有插上信息化的翅膀，才能飞得更快、更远。

辽宁省锦州市义县刘温屯村宝文益农信息社
靳博信息员的典型事例

一、基本情况

辽宁省锦州市义县七里河镇刘温屯村宝文益农信息社成立于2016年5月。该社成立以来，一直以"便民、利民"为目标，积极开展公益、便民、农产品电子商务和培训体验四大服务，充分发挥进村入户信息传输最后一公里的作用，实现了益农社和农户双赢格局。

二、服务情况

一是公益与培训依托热线服务。锦州"12316"热线自宝文益农社成立之初就与其建立了合作。宝文益农信息社中有20米^{2}的地方作为公益服务区使用。村民可以在这里查询农业政策、生产服务、供求发布等信息，也可以拨通"12316"热线直接提出需求。信息员也会随时将农业生产生活中发生的较为集中的问题向热线反馈，由热线邀请市县农技专家线上解答或进村指导，并有针对性地开展培训。热线发布法律法规、惠民政策、农产品市场、种植养殖技术等信息累计500余条，发放种植、养殖案例累计200余个，受到当地群众高度称赞，满意率达90%以上。

二是便民与服务实现精准到位。现如今村里留守的50岁村民居多，以前想要缴费需要到20里外的镇上才行，十分困难。自从有了益农信息社，村里人可以足不出户就能缴纳电费、电话费等。此外，益农社与农行合作开展小额转账与惠农取款业务，在信息员靳博积极争取和倡导下，每月政府给村里近60户贫困户发放的补助金都可以在益农社领取，避免了他们外出的麻烦。益农社累计发生缴费取款等业务300余笔。

三是电子商务开拓村民眼界。益农信息社自成立起，"益农商城"在线上为农民提供了生产生活方方面面的产品。靳博还会经常帮助没有智能手机的留守老人进行线上交易，累计实现网上交易近60笔，让他们感受到现代社会的便利。目前他正在积极与淘宝网接洽，准备将其引入到益农社中，届时村民的选择将会更大。此外，益农社与邮政快递达成合作，让村民足不出户就可以收发邮件，累计收发邮件200余件。

四是信息员同时也是领路人。宝文益农信息社信息员靳博毕业于锦州医学院畜牧兽医系，并攻读了有关畜牧养殖及治理专业。2016年，村民在他的带领下一起成立了蓝狐合作社，从养到销统一管理。益农社成立后借助这个平台使销售范围进一步扩大，合作社实现年收益30万元。2018年，靳博通过益农服务平台了解到国家政策的调整后，果断带领大家转行，成立了种植合作社，让周围农户的田地有统一的规划和管理，从种到收统一管理与经营，为农民降低经济损失近20万元。

三、个人心得

益农信息社的设立既方便了群众，也让我从中得到了锻炼，开拓了眼界。几年来，宝文益农信息社得到了各级领导的高度认可，获得了村民的好评，使我对未来走的道路更加期待与自信。下一步我还将继续在各方的支持下引入更多的资源，努力将各项服务做到更加扎实、精准。

辽宁省朝阳市北票市巴思营村福成
益农信息社林丽波信息员的典型事例

一、基本情况

根据中央、省、市、县信息服务体系建设的总体规划，我们紧紧围绕经济社会发展的总体目标，以人为本，推进信息进村入户工作。北票市马友营乡巴思营村福成超市被选定为第一批益农信息社建设计划，信息员林丽波成为第一批农村信息员之一。该社成立以来，在信息员林丽波的努力下，认真工作，扎根农村，不断进取，积极为百姓服务，对本村建设起到了极大推进作用。该社秉承"服务三农、资源共享、共同发展"理念，以"便民、利民、富民"为目标，积极开展公益、便民、农产品电子商务、培训体验四大服务，着力推进"信息精准到户、服务方便到家"，已成为农民群众之家，彰显了"互联网＋"益农信息社的效果，形成了信息社和农户双赢格局。

二、服务情况

北票市福成益农信息社成立以来，信息员林丽波始终心系百姓，用实实在在的行动去关爱帮助困难群众。近几年，林丽波在农村率先利用互联网为村民提供便捷的服务，通过益农联网大屏，开展农业公益服务、便民服务、电子商务服务、培训体验服务，不断提高农民的现代信息技术应用水平，为农民解决农业生产中产前、产中、产后问题和日常健康生活等问题，实现了普通农户不出村、新型农业经营主体不出户，就可享受到便捷、经济、高效的生活信息服务的便利。主要体现在以下几个方面：

一是"买"。依托授权的电子商务平台为本地村民、种养大户等主体代购农业生产资料和生活用品等物资，如种子、农药、化肥、农机、农具、家电、衣物等。对本村30多位建档立卡贫困户，福成益农信息社更是以暖人的实际行动，将产品原价销售给贫困户，对于老弱病残更是不计成本将生活必需品送到他们手中。福成益农信息社自成立以来，以各种接地气的扶贫方式，为实现贫困村全面脱贫尽自己的力量，截至目前，累计优惠、捐赠达5 000余元。

二是"卖"。培训和代替农村用户或种养大户等主体，在电子商务平台上销售当地的大宗农产品、土特产、手工艺品，目前累计出售本地农产品5吨，出售手工艺品100余件，发布各类供应消息200余条，彻底解决了当地农民销售渠道窄、销售难的问题，带动了本村不断发展、富裕。

三是"服"。利用信息服务站、益农电商平台等，为农民精准推送农业生产经营、政策法规、村务公开、惠农补贴查询、法律咨询、就业等公益服务信息，并提供现场咨询，提供各类咨询信息500余条，推动本村种植更加科学、农民的法律知识不断普及；利用互联网平台，不断创新思维，积极探索，带领更多返乡青年用双手实现乡村振兴战略梦。在林丽波信息员的苦心经营下，返乡青年参与"互联网＋"形式下的乡村振兴发展，组织开展了以网络营销、产品包装推广、活动策划等为主题的培训50人次，推动当地优秀青年实现土地流转新型种植模式。

四是"缴"。为村民代缴话费、水电费、电视费、保险费等缴费项目，累计服务1 000余人次，累计缴费2万余元，使村民不出村、大户不出户即可办理相关业务事项。

五是"取"。该益农社作为村级物流配送集散地，可代理各种物流配送站的包裹、信件等收取业务和金融部门的小额取款等业务，并对特大物件送货上门服务，方便了村民，彻底解决了物流不到村、取件不方便、送件时间长等问题，实现了物流次日达的梦想。此外，通过新益农平台，积极与农业银行合作，为百姓提供小额贷款，解决了因资金问题不能实现创业梦的问题，打造了人人可创业、人人可致富的新格局。截至目前，累计为百姓贷款100余万元。在为村民提供基础服务的同时，该社还兼顾保险代缴、农技推广、小额提现、农产品代售等多种服务。2018年，该社与辽宁新益农信息科技有限公司签订土地流转协议，通过集中种植、科学管理、机械化操作，改变了农民"脸朝黄土背朝天"的传统种植模式，带动了当地居民人均收入水平提高，为精准扶贫精准脱贫发挥了较好作用。

三、个人心得

益农信息社的设立让村里的百姓体会到了科技带给人们的方便与快捷，大幅度提高了农村居民生活水平。几年来，我个人虽然有苦有累，但是看到村民生活水平不断提高，看到左邻右舍每个人脸上都洋溢着幸福的笑容，我深信，所有的付出都是值得的。今后，我将继续付出努力，积极争取支持，依托益农信息社的平台，有信心有决心，再作新贡献，再创新佳绩！

辽宁省葫芦岛市连山区二台子村阿丹益农信息社殷丹丹信息员的典型事例

一、基本情况

辽宁省葫芦岛市连山区二台子村益农信息社成立于2016年6月。该社成立以来，秉承"服务三农、资源共享、共同发展"的理念，以"便民、利民、富民"为目标。信息员殷丹丹积极学习农产品电子商务和公益便民服务知识，为周边群众提供公益、便民、电商等服务，极大地方便了周边群众。村里的百姓已经离不开益农信息社了。运营主体辽宁新益农公司的优质产品在该村已全面覆盖。

二、服务情况

益农信息社信息服务平台功能齐全。老百姓在农忙时没有时间去市里，就在信息进村入户综合电子平台上购买各种商品。商品有化妆品、服装鞋帽、手机配件、农产品、食品等很多品种，深受大家的喜欢。老百姓都非常喜欢这个平台。

益农信息社成立以来，做了很多工作，发挥了很多作用。

一是在各级农业部门的领导下，积极配合运营主体提供各类服务，在益农信息社信息员宣传下，老百姓都来购买益农信息社的商品。2年来，二台子村益农信息社销售了手机15台、手机配件20盒、服装60套、鞋20双、电饭锅80个、电水壶90个等各类商品。年轻女孩们也购买了化妆品80多盒，她们都说："用着真好，以后买商品都到我们的益农平台上购买。"购买商品用微信支付，简单方便还实惠。

二是为当地村民办理汽车保险提供了便利。汽车上保险是有车族的一个比较头疼的问题，每年都要花费一定时间去市里很麻烦。现在不用去市里也能办保险了，到益农信息社就能上保险，"既节省了费用又节约了时间"。车主说："党和政府为我们老百姓想得太周到了，大家都来益农信息社办理，每年都要办30多户左右，给老百姓带来了方便。

三是为农民购买农用物资提供了贷款的便利。农民朋友在农耕季节没有钱买种子、化肥、农药时，就到益农信息社来办理小额贷款，这样能解决他们眼前的资金周转问题。在该益农信息社小额贷款的有50多家了。他们说："谢谢政府的好政策和益农社平台，给我们解决了这么大的问题。"

四是运营主体新益农公司线下产品"心宜农"销售态势非常好。这两年来卖了大米1 800袋、豆油1 100箱、白面500袋、洗衣份560袋、洗衣液400箱、卫生纸900袋、盐650袋、洗洁精400箱、酱油80箱、洗头膏200箱、护发素50箱、小商品18箱、桃汁及山楂汁300箱、肥皂150箱、大酱60箱、杀虫剂65箱、蚊香30箱、散白酒10桶、矿泉水2 000箱左右。这些产品在益农信息社卖得很好，老百姓都愿意到益农信息社买新益农的产品。产品卖得越来越多，口碑越来越好。

三、个人心得

新益农信息社给农民朋友带来了更多的信息、更好的产品，受到了老百姓的好评和高度赞扬。期待信息进村入户工程深入开展，益农信息社越办越好，努力打造农业农村的一道靓丽风景线。

吉林省长春市双阳区奢岭街道五星村
益农信息社鲁景新信息员的典型事例

一、基本情况

为进一步探索"互联网＋"农村新模式，积极回引外出务工优秀人才，助推脱贫攻坚，推动乡村振兴战略。2011年，吉林省长春市双阳区奢岭街道办事处镇五星村鲁景新所经营的副食店建设成农村综合信息服务站，2014年，升级成为益农信息社，多年来鲁景新致力于推广本土优质农副产品外销、提供便民办事服务、培训农村创业致富能手等工作，通过多形式推动"互联网＋"进村入户。

二、服务情况

五星村益农社成立以来，信息员鲁景新始终心系百姓，帮助本村村民做了大量的信息服务工作。每年组织村民学习施肥与用肥知识、组织收看技术视频片128次、发布供求信息、务工信息、价格信息、远程视频应用等服务等达2 000余次，协助开犁平台与吉林三院合作，为当地农民开展义诊586人次。同时，积极为广大群众提供互联网商品代购、快递代收代发、农资农具代购、生活缴费等便民服务，截至目前，已累计服务群众5 800余人次，真正让群众体会到了益农信息社带来的便利。

在信息社建立初期，负责人鲁景新把服务站服务功能和服务项目制作成宣传单，向老百姓宣传介绍，让周边村民对益农信息社有了初步的了解。在信息服务工作开展方面，他为周边村民免费查询、发布供求信息，通过"12316"服务热线解决身边的农业技术问题、政策法规问题等，服务周边村民的同时也赢得了更多的支撑与信任。因为几十年生活在农村，他非常了解农村农资市场良莠不齐的产品质量、混乱的价格，百姓因苦于不懂常识只能靠运气购买农资的情况。自吉林省农业电子商务交易平台建立以来，在网上为农民提供质优价廉的农资产品，通过线上直接对接企业，不仅能保证产品质量，减少中间环节，还能以比市场价优惠的价格购买农资，间接提高了农民收入。鲁景新从最开始时示范带头，到中期发动周边亲戚朋友参与，又到现在100多农户稳定参与，真正实现了通过电子商务平台解决买难、卖难问题。农民足不出村，鼠标一点，就能买到放心、安全的农资产品。鲁景新还热心为周边农民查询发布信息并提供其他便民服务，几年来累计为周边村民网上直购农资800多吨。由于平台上的品牌肥料产品质量好，价格实，老百姓都获得了实惠。

创新思维，积极探索，带领更多返乡青年用双手实现乡村振兴战略梦。在鲁景新的苦心经营下，益农社始终秉持资源共享、信息共享、平台共享的原则，积极邀请返乡青年参与"互联网＋"形式下的乡村振兴发展，组织开展了以网络营销、活动策划等为主题的培训68人次，先后推动6名优秀青年实现土地流转并成立家庭农场；推荐4名优秀青年担任村级益农社信息员；与29人达成信息收集合作协议。通过培训，五星村益农社巩固了人才储备，为实现乡村振兴战略提供了有力支撑！

三、个人心得

五星村益农信息社的设立极大地方便了群众，几年来，我一直从事益农信息社各项工作，虽然很辛苦，但受到各级领导的高度认可和群众的好评，群众满意度也非常高，连续多年获得各项荣誉。

吉林省长春市双阳区马场村益农信息社
李华靓信息员的典型事例

一、基本情况

李华靓负责的吉林省长春市双阳区奢岭街道马场村益农信息社成立于2014年。2016年1月，信息社成立了吉林省晟华农村电商创业园。该社秉承"服务三农、资源共享、共同发展"理念，以"便民、利民、富民"为目标，积极开展公益、便民、农产品电子商务和培训体验四大服务，着力推进"信息精准到户、服务方便到家"，彰显了"互联网＋"益农信息社的效果，形成了信息社和农户双赢格局。2017年，被农业部授予全国"益农信息社百佳案例"荣誉称号。

二、服务情况

（一）信息服务功能齐全

益农信息社占地面积2 800米²，建筑面积1 500米²，设立了创业服务管理区、创业孵化（示范）区、电商创业培训区、特色产品（项目）展示区、仓储物流服务区、生态美食体验区和商务洽谈区七大功能区，具备创业帮扶、运营管理、项目设计、人才培训、策划指导、平台建设、融资服务、文化服务、商务服务、市场开发十大类30余项服务职能。

信息社与园区建立以来，企业集聚效应明显，已成功吸纳吉林省晟华农村电商创业服务有限公司、吉林双盛农业开发有限公司、长春市鑫颜化妆品有限公司、长春市鑫淼参茸经销有限公司、四平市铁东区爱诺玻璃钢工艺研发有限公司等20余家企业入驻，为进一步推进农村电商产业的公司化运营和集团化发展，奠定了坚实的基础。

积极开展对外交流合作，先后与阿里巴巴"村淘"项目和天津凌奥集团建立合作伙伴关系，拓宽了本地特色农产品的外销渠道。通过2017中国（义乌）国际电子商务博览会，信息社与义乌市东北商会签订了合作框架协议，大大提升了"中国鹿城"的农特产品知名度，破解了农产品电商领域发展售销问题。

努力打造优质服务平台，在工信部成功注册了"吉林省农商网"，以创业园总部为中心，以各个电商服务网点为节点，覆盖全区134个行政村的农村电商创业服务网络正在逐步完善，将为更多有志于从事农村电商产业的村集体和农民群众提供方便快捷、全程周到的创业指导、技术培训、项目策划和产品宣传等服务。

（二）便民服务开展良好

以益农信息社为骨干，整合党建、商务、供销、邮政、农行、村委会等单位资源，充分发挥主渠道引领作用，共同推进便民服务。3年来，为当地村民提供代缴代存、代购代买、代收代发，小额取现等增值服务1 500余笔，代办代购交易额3余万元。方便了群众，增加了收入。

（三）电子商务成效明显

依托淘宝网、邮乐网、拼多多和市内网络平台，开设农产品网店5个，以订单销售方式与贫困农户结成利益联结机制，着力推进农产品网上销售。初步解决了农产品上行"一公里"的问题，进一步推动了特色产业发展，加快了农民增收脱贫。

（四）孵化示范起色较大

围绕打造全区信息服务"第一村"的目标，按照传、帮、带的"保姆式"方式，帮助返乡农民工、留守青年、种养农户实施创业行动，组织开展农业绿色种植养殖、店铺开设、电商运营、增值服务等培训，提升信息社的影响力和凝聚力。信息社成立以来，开展孵化培训20余次，培训800人次，接待县内外前来学习参观的人员2 000余人次，扶持创业农民和大学生12人。

三、个人心得

"有事儿就找信息社"成了马场村村民们时常挂在嘴上的话。我利用信息社为村民开展公益、便民的农产品电子商务和培训体验服务，受到各级领导高度认可，群众好评不断，同时也获得了各种荣誉。

吉林省四平市伊通满族自治县东新村益农信息社王凤林信息员的典型事例

一、基本情况

王凤林负责的吉林省伊通县伊通镇东新村益农信息社成立于2015年1月。该社成立以来，秉承"服务三农、资源共享、共同发展"理念，以"便民、利民、富民"为目标，积极开展公益、便民、农产品电子商务和培训体验四大服务，着力推进"信息精准到户、服务方便到家"，已成为农民群众之家，彰显了"互联网＋"益农信息社的效果，形成了信息社和农户双赢格局。2018年，信息社被农业部授予全国"益农信息社百佳案例"荣誉称号。

二、服务情况

（一）信息服务功能齐全

益农信息社设施设备齐全，服务功能比较完善，拥有公益便民服务室60米^2、农产品电商展示展销室60米^2，电脑1台、咨询服务电话1部、收银机1台，开设信息电商平台1个，信息服务人员4人。为保障公益、便民、农产品电子商务和培训体验四大服务落地打下了坚实基础。

（二）公益服务效果显著

依托"12316"平台和建立了信息服务台账和农产品信息数据库，对接贫困农户8户，点对点开展服务指导。一年来，围绕本镇特色产业发展、精准扶贫和农民增收，聘请县、镇农技专家开展培训服务10场次，发布法律法规、惠民政策、农产品市场、种植养殖技术等信息200余条，帮助农户解决技术难题7项。本村的农信服务覆盖率达到60%，月提供信息咨询服务80余人次，受益农户户均增收110元以上，当地群众高度称赞，满意率90%以上。

（三）便民服务开展良好

以益农信息社为骨干，整合党建、商务、供销、邮政、农行、村委会等单位资源，充分发挥主渠道引领作用，共同推进便民服务。三年来，为当地村民提供代缴代存、代购代买、代收代发，小额取现等增值服务1 000余笔，代办代购交易额200余万元。方便了群众，增加了收入。

（四）电子商务成效明显

销售农产品15万余元，农户户均收入1 000元。初步解决了农产品上行一公里的问题，进一步推动了特色产业发展，加快了农民增收脱贫。

（五）孵化示范起色较大

围绕打造全县信息服务"第一村"的目标，按照传、帮、带的"保姆式"方式，帮助返乡农民工、留守青年、种养农户实施创业行动，组织开展农业绿色种植养殖、店铺开设、电商运营、增值服务等培训，提升信息社的影响力和凝聚力。通过培训，信息社凝聚和巩固了东新村村益农社人才储备，为实现乡村振兴战略提供了有力的支撑！

三、个人心得

益农信息社的设立方便了群众，也增强了干群感情。几年来，我一直从事益农信息社各项工作，虽然很辛苦，但各级领导对我高度认可，深受群众好评，群众满意度也非常高。今后我会把努力当成一种习惯，而不是3分钟热度，使自己成为一个真正服务于农业、服务于农民的有用的人。

吉林省通化市辉南县大场园村益农信息社
张红霞信息员的典型事例

一、基本情况

张红霞负责的吉林省辉南县石道河镇大场园村益农信息社成立于2017年7月。该社成立以来，秉承"服务三农、资源共享、共同发展"理念，以"便民、利民、富民"为目标，积极开展公益、便民、农产品电子商务和培训体验四大服务，着力推进"信息精准到户、服务方便到家"，已成为农民群众之家，彰显了"互联网＋"益农信息社的效果，形成了信息社和农户双赢格局。

二、服务情况

（一）信息服务功能齐全

益农信息社设施设备齐全，服务功能比较完善，拥有公益便民服务室35米²、农产品电商展示展销室480米²、培训体验室150米²、办公室30米²、电脑3台、投影仪1台、打印机机1台，电商讲解员3名，实操培训5名，工艺品培训讲师3名；建农产品仓库500米²。为保障公益、便民、农产品电子商务和培训体验四大服务落地打下了坚实基础。

（二）公益服务效果显著

依托开犁网平台、"12316"和"吉青家园共享e站"，对接农户开展服务。一年来，电子商务、手工艺品培训4 108人，其中电商培训45期3 672人、草编培训10期436人（200余名残疾人、建档立卡贫困户）。为本镇老百姓解决日用品下行35万余元、农产品上行260万元。当地群众高度称赞，满意率90%以上。

（三）便民服务开展良好

以益农信息社为骨干，整合党建、商务、供销、快递、合作社、家庭农场等单位资源，充分发挥主渠道引领作用，共同推进便民服务。为当地村民提供代缴代存、代购代买、代收代发，小额取现等增值服务600余笔，代办代购交易额12余万元。方便了群众，增加了收入。

（四）电子商务成效明显

依托淘宝网、邮乐网、拼多多和市内网络平台，开设农产品网店微信团队，以订单销售方式与贫困农户结成利益联结机制，一年来，益农信息社实现网上直销农产品32类180余个产品，销售额320余万元，其中帮助1 300余农户增加收入（其中贫困户75户），农户户均收入年1 800元。初步解决了农产品上行"一公里"的问题，进一步推动了特色产业发展，加快了农民增收脱贫。

（五）围绕打造全镇信息服务

"村村通"的目标，按照传、帮、带的"五个一"帮助活动，帮助返乡农民工、留守青年、种养农户实施创业行，扶持创业农民和大学生52人，孵化村级益农信农村电商165家。

三、个人心得

益农信息社的成立方便了广大老百姓，也增强了老百姓对我们信息社的信任。一年来，我一直从事益农信息社的各项工作，虽然很辛苦，但各级领导对我高度认可，深受老百姓好评，也实现了我的个人价值。我会继续努力做好益农信息社信息员的工作，发挥更大的作用。

吉林省延边州敦化市腰会村益农信息社
王营林信息员的典型事例

一、基本情况

王营林负责的吉林省延边朝鲜族自治州（以下简称：延边州）敦化市官地镇腰会村益农信息社成立于2013年1月。该社成立以来，秉承"服务三农、资源共享、共同发展"理念，以"便民、利民、富民"为目标，积极开展公益、便民、农产品电子商务和农技培训四大服务，着力推进"信息精准到户、服务方便到家"，已成为农民群众之家，彰显了"互联网＋"益农信息社的效果，形成了信息社和农户双赢格局。2017年，该社被农业部授予全国"益农信息社百佳案例"荣誉称号。

二、服务情况

（一）信息服务功能齐全

益农信息社设施设备齐全，服务功能比较完善，拥有便民服务室30米^2、电脑1台、电子显示屏1块、咨询服务电话1部、验钞机1部、视频摄像头1个。为农民提供服务打下了基础。

（二）公益服务效果显著

自2016年10月，王营林被沈阳顺风农业集团聘为延边州负责人后，借助负责延边州八个县市的农业信息、技术、农资服务等机会，围绕本镇特色产业发展、精准扶贫和农民增收，聘请国家级、省级农技专家开展培训服务30余次，提供农技服务100余次，发布法律法规、惠民政策、农产品市场、种植养殖技术等信息700余条，帮助农户解决技术难题200余条，本村农信服务覆盖率达到80%，月提供信息咨询服务80余人次，受益农户户均增收300元以上，当地群众高度称赞，满意率90%以上。

（三）便民服务开展良好

一年来，信息社为当地村民提供代缴代存、代购代买、代收代发、小额取现等多项增值服务，年平均网购化肥农资700余吨，代购农用具50多套，帮助农民缴费1 000余次，预约挂号100余次，进行小额提现200余次，技术咨询100余次，购买日用品50余件，受到了村民的高度认可。

（四）电子商务成效明显

一年来，依托淘宝网、拼多多、开犁网、12582等多种平台，信息社帮助农民进行网上发布以大豆、玉米为主的销售信息100余条，总计销售额达到180余万元，初步解决了农产品上行"一公里"的问题，进一步推动了特色产业发展，加快了农民增收脱贫。

（五）孵化示范起色较大

益农信息社组织开展农业绿色种植养殖、电商运营、增值服务等培训，在帮助返乡农民工、留守青年、种养农户不断提升劳动技能的同时，也提升了信息社的影响力和凝聚力。益农信息社成立以来，开展孵化培训10余次，共50人次；带领村民外出参观学习10余人次；扶持创业农民7人，成立商户4家。

三、个人心得

我叫王营林，敦化市官地镇腰会村益农服务站站长。我是在2013年初在敦化市农业局信息中心的选拔下，成为了一名服务站站长，感到十分的荣幸，同时也感觉到身上的压力。因为村民对服务站比较陌生，不信任，不敢在服务站通过网上买卖产品、冲值缴费等，怕上当受骗。

我认为只有让村民充分了解益农服务站的各种功能，了解服务站的好处，村民才能信任。所以我就挨家挨户的去宣传服务站的信息服务、电子商务服务、金融服务、便民服务，有的村民家我去了两三趟，不闲麻烦，宣传到位。并承诺村民在村服务站购买的种子、化肥、农药等农资产品，日用品等都是省里从厂家直接采购，没有中间环节，即有质量保障，价格还便宜，出现质量问题，我负全责。

通过我的广泛宣传，村民逐渐对服务站产生了信赖，陆续到服务站购买化肥、种子等农资产品，衣服、鞋帽、家用电器等日用品，并全程跟综服务，并通过市农业局信息中心领导，邀请省12316、12582的专家到村里为村民技术培训；同时为村民提供冲值缴费、医疗挂号、小额提现等服务。并通过服务站发布信息，帮助村民销售农产品，解决农民销售难的问题，促进村民增产增收。截止到今年，我做站长也有六七年的时间了，益农服务站越来越受到村民的欢迎。我也得到省里领导的肯定，2013年获全省服务站评比一等奖，2014年获全省最具组织服务站，2017获全省优秀服务站长。并参加了省农委组织的2017年日本农业研修。

我认为要想把服务站做好，必须要做好宣传，把村民的事当成自己的去做，用心去做，讲究诚信，与村民建立良好的人际关系，真正让村民感受到足不出村，足不出户，在服务站就能解决他们的各种问题。

目前国家十分重视服务站发展，我相信在省、市领导的大力支持下，我有信心把服务站越做越好，做一名合格的服务站站长，为乡村振兴尽一份力量！

黑龙江省哈尔滨市五常市本真源合作社益农信息社云国生信息员的典型事例

一、基本情况

哈尔滨市五常市本真源合作社益农信息社建设于2014年12月。该益农信息社建在五常本真源水稻种植合作社，选定合作社负责人云国生为益农信息社信息员。益农信息社建设以来，信息员云国生积极开展公益服务、便民服务、电商服务和培训体验服务，并结合本地优质有机大米资源，利用合作社帮助农民拓展农产品网上销售，取得了较好的成效。2017年该益农信息社被农业部授予全国"益农信息社百佳案例"荣誉称号。

二、服务情况

（一）积极开展农产品网上营销

合作社原来大米销售都是通过熟人、固定的客商等传统销售渠道进行。益农信息社建立后，信息员云国生积极学习电商知识，探索网上营销，通过益农信息社平台开设了本真源网上店铺，打造大米品牌和包装设计，建立网上直营店、微信公众号等宣传和销售渠道，产品已销往北上广等全国各地。合作社依靠已通过的"南京国环""中绿华夏"水稻种植双有机认证，销售量逐年攀升，促进有机大米网上销售超过60吨，产值超过200万元，价格提高了30%～50%。合作社受益了，社员及普通农民通过益农信息社也受益了，农民对有机大米种植坚定了信心。

（二）助农提高农业种植技术

本村主要种植水稻，对种植技术及病虫草害防治技术要求较高。如去年这里曾发生过水稻白枯病，发展比较迅速，农民束手无策。信息员通过不懈努力在平台上进行信息检索、联系咨询省、市农业专家、查询相关防治技术，有效地阻止了白枯病的蔓延，大大减少了农民损失。自益农信息社成立以来，在信息员的积极推动下，农民对益农信息社的应用程度不断提高，遇到各样的问题首先都会想到来益农信息社来找答案。目前本村农民通过终端机查询公益服务总点击量超过15万次，为农民解决实际问题610人次。

（三）大力推广有机种植技术

信息员通过益农信息社推出的"三品一标"知识和品牌打造培训服务，不仅使信息员自己及社员受益，还积极在全村进行推广，帮助本村其他合作社推广现代加工工艺、先进管理技术和产品体系的建立和实施，遵循有机标准，实现有机大米高品质种植生产。在提高产品质量的同时，较大幅度地增加了产品的销售价格，有效增加了社员的经济收入，也充分带动了其他普通村民的产量和收入。

（四）有效开展用工服务

结合益农信息社开展的用工服务，帮助村里有打工需求的农户进行需求登记，第一时间将益农信息社服务平台发布的合适的招工信息推送给农民，让农民坐在家门口就可以获取丰富、有保障的招工信息。合作社建有大型米厂，每年在农闲季节，信息员都会首先将求职机会留给社员及村民，优先从本村村民、社员中选聘工人，有效改善了本地闲置劳动力就业问题。村民每年平均增加收入1.5万~1.8万元，实现了不离土、不离村本地就业。

三、个人心得

自从我担任益农信息社信息员以来，不仅自身的水稻种植、加工、管理、销售能力有了较大提升，也给合作社带来了极大的益处，为当地农民提供了优质的服务。下一步，我将重点在本村开展农业标准化生产技术推广，提高本村农产品附加值，增加农民收入。

黑龙江省哈尔滨市双城市长生村益农信息社付春杰信息员的典型事例

一、基本情况

付春杰是哈尔滨市双城市长生村益农信息社信息员。2014年10月益农信息社在长生村仓买建设完成，处于村里的中心地带，交通便利，日常人流较大。仓买店主付春杰为人热情、做事认真负责、在本村的影响力和号召力较强，因此被选定为信息员。付春杰在担任信息员工作期间，非常珍惜这一机会，认真对待益农信息社工作，勤学好问，通过不断努力，让益农信息社在本村产生了较大的影响力。

二、服务情况

益农信息社建设以来，付春杰的仓买店和本村农民的生产生活出现了跨越式的进步。

一是带动优质工业品下行。益农信息社通过电子商务服务开展工业品下行服务，联合优质农资厂家、日用品厂家资源，建立了厂家到益农信息社的直供模式，减少了中间商环节，也解决农村仓买假货泛滥的局面。信息员通过大力开展本项服务，仓买商品进货成本降低了，产品有了品质保障，销量也逐渐提升，深受农民欢迎。信息员付春杰还主动承担起附近其他仓买的进货服务，大力推广优质产品，不仅方便了农民购物，还改善了农村仓买商品的质量，也大大增加了村民对益农信息社的信任。

二是促进本村农技推广。益农信息社惠农平台的公益服务提供了科学种植、养殖技能。信息员通过培训后，利用仓买人流量的便利，积极向来访村民推广平台上先进的农业技术信息，向农民传达农技知识，指导农民进行信息检索，带动村里务农的农民、种粮大户通过惠农平台掌握最新最科学的农技知识和技能。每年春季都会组织本村农民开展农业技术培训，邀请农技专家及运营商进行指导，共培训村民超过120人次，帮助农民逐步摆脱靠天吃饭、靠经验种地的不良局面。农民和新型经营主体越来越依赖益农信息社的惠农平台和信息员的服务，遇到种养有疑难、生活有问题、销售有瓶颈、市场不清晰等诸多情况，都会到平台上来寻找出路。有农户反馈说"我们村益农信息社的小窗户里装着全村人民幸福生活的大世界"。

三是开创本村电商业务。益农信息社电子商务板块提供了乡村大集、集中采购等多个电商平台，付春杰对此产生了浓厚的兴趣。他积极参与电商营销培训，学习电商开店及营销技能，积极帮助本村农民进行农产品上行服务。本村益农信息社网上店铺开通后，他将本村优质的农产品上传到网上进行销售，达成线上交易额20余万元，进一步拓宽了本村农产品销售渠道。

三、个人心得

自从事本村益农信息社信息员工作以来，我学习到了许多技能，包括农业信息检索、网上开店、网上营销、线上业务办理等，为农民服务的能力不断提高，自身价值得到了充分体现，大大增加了我作为信息员工作的动力和积极性，并对益农信息社未来发展充满了期待。下一步，我将继续在本村推广农村电商服务，方便农民的生活，解决农民的问题。

黑龙江省大庆市肇源县宏光村益农信息社
杨志华信息员的典型事例

一、基本情况

大庆市肇源县宏光村益农信息社建设于2015年9月，信息员是杨志华，大专学历，中共党员，为农民服务意识强、素质高，有责任心。被选定为宏光村益农信息社信息员后，杨志华认真按照益农信息社整体服务要求开展信息员服务工作，积极探索新服务、新项目、新技术在本村的推广应用，为农民带来了很大实惠。

二、服务情况

信息员杨志华当选信息员后，积极主动学习信息终端操作，能够为来往的农民及时提供服务推介，为有需要的农民提供服务指导。杨志华除了为农民提供他较为擅长的稻米种植、生产、销售等相关知识外，他还积极参加信息员集中培训，不断进行自主学习，服务能力不断提升，并能够根据益农信息社提供的"四类"服务帮助农民寻找节省种地成本、增加农产品销售的方式方法，显著提升了农民的生产生活质量。该益农信息社设有视频会议中心、农民培训中心，杨志华在益农信息社推行新产品、新技术后，都会在此组织农民展开农业技术培训，帮助农民提高农业技能。

（一）推广现代化农业技术，提高农业生产效率

益农信息社在本村建成后，杨志华主动自主学习终端机各项操

作，为来访的村民提供操作指导，杨志华非常关注平台中农业技术内容，深入研究并推广学习。他通过益农信息社平台了解到无人机航化作业的好处后，首先在自家的合作社进行试应用，产生了较好的效果，大大提高了作业效率，之后便在本村进行推广应用。目前，本村无人机航化作业面积已达到 3 万亩，大大提高了农业生产管理效率。通过终端机杨志华全面了解测土配方施肥技术，先在本村自家田地进行试点应用后再在本村进行推广，有效提高了肥料的应用效率。

（二）推广秸秆综合利用，助力农村环境改善

杨志华积极推广秸秆综合利用技术，成立"肇源县志华秸秆压块燃料加工站"，常常组织村民召开农业秸秆回收现场会，向村民宣讲秸秆回收利用的好处和重要性，引起了农民的广泛关注。通过杨志华的大力推广，本村实现秸秆综合利用推广应用面积 2 万亩。

（三）推广节能新产品，提高农民生活品质

通过益农信息社平台，杨志华被改造节能项目深深吸引，发现其对农民的利好作用后，主动与服务商进行对接，并在本村内进行宣传介绍，向本村农民普及锅炉节能改造的重要性和好处。他成功引进锅炉节能改造项目，在本村进行推广实施，帮助本村及周边村共计 350 户农户进行了锅炉节能改造，有效改善了农民的取暖条件，节省了取暖成本。

（四）推广线上业务办理，方便农民生活

益农信息社为农民提供了互联网＋金融、保险和缴费等线上便民服务。杨志华为来到益农信息社的农民提供在线购买保险、在线水电气缴费、在线购票、在线挂号看医生等帮助。尤其是不懂操作的年龄较大的农民，在信息员的帮助下也能享受到各项服务。

（五）推广农产品线上销售，增加农民收入

农产品销售是农民关注的第一要紧的事情。益农信息社建成后，杨志华通过电商服务平台，积极学习农产品网上销售，销售绿色小

米、石磨面粉、玉米等农产品，并通过益农信息社找到了收购单位，帮助玉米合作社及农户找到了销路。线上收购的玉米价格比线下销售要高，让农民深刻感受到网络的便捷和信息惠农的实惠。

三、个人心得

担任信息员工作以来，我通过不断努力学习，成为本村互联网能手，不仅自己收益，还将自己学到的优质信息技术向村民推广，实现了全村收益。下一步，我将积极做好信息员工作，通过益农信息社帮助农民实现创业增收。

黑龙江省佳木斯市桦南县东双龙河村益农信息社王华道信息员的典型事例

一、基本情况

2018年春季,佳木斯市桦南县东双龙河村益农信息社建立,王华道被选定为信息员。担任信息员以来,王华道多次参加黑龙江省农业农村厅、佳木斯市农委、桦南县农业局以及运营商组织的一系列有关农村进村入户工程的培训活动,掌握了益农服务社各项服务内容以及操作过程,能够通过电脑终端设备精准为全村农民开展公益服务、便民服务、电子商务服务、培训体验服务等。

二、服务情况

(一)积极做好公益服务,助力农村农业生产

作为一个益农信息员,王华道不断加强网络知识学习和网上实际操作能力,通过终端机上的四大板块认真学习了解、强化操作运行,把公益服务作为益农信息服务工作的重点。今年3月,他和村民查看农资价格行情时,在益农信息社平台上看到农资团购可以降低化肥购买价格,还送货到村。于是,他带领十几个村民一起在益农信息社平台上采购农用物资,购买化肥35吨,每吨比当地市场价格降低213元,折算起来每亩地可降低生产成本12元,化肥质量可靠,效果有保障,深受全村百姓的称赞。大家一致表示,明年农用物资将全部通过益农信息社采购。

（二）努力搞好便民服务，让农民与互联网"零距离"

为了做好益农信息员，王华道经常利用信息进村入户终端设备，通过益农信息社平台的便民服务软件为本村百姓搞好服务。他建了"东双龙河村便民信息群"，同时到县农业银行办理了一张可以开通网上银行的银联卡，切切实实地为村民搞好服务。村民卢清杰夫妇二人年事已高，儿子远在上海工作，老人行动困难，每次交电费都要到远在9公里以外的明义乡政府所在地交费很不方便。得知这一情况后，他立即赶到老人家说明益农信息社可以代缴电费，老人家十分感动，当即让他帮助代缴电费120元。一年来，他通过益农终端极大地方便了百姓的日常生活，真正推动了农民与"互联网"零距离的接触。

（三）热心电商服务，打通农产品销售"互联通道"

作为村级益农信息员，王华道把积极开展电子商务，为当地农产品找销售出口，把增加农民收入作为一项重要任务来完成。乡村大集是农村信息员完成一村、一品、一店的重要途径，到目前为止，他在乡村大集的店铺里上架了8件商品，并通过微信、QQ将店铺链接推广到全国各地的朋友圈和消费者中去，真正让广大消费者能看到他的乡村大集店铺、商品信息，并产生购买欲望。

三、个人心得

当选信息员后，我刻苦学习，在很短的时间里就对益农信息进村入户工程有了深刻了解，在信息服务操作当中掌握了一些技巧，明义乡政府委托我做全乡益农信息员特约指导员。之后，我又多次随同农业局到桦南县其他乡镇开展信息员辅导工作，为推动益农信息社建设做出了自己应有的贡献，也对未来开展益农信息社服务充满了期待。

黑龙江省绥化市海伦市共合镇保安村
益农信息社赵春媛信息员的典型事例

一、基本情况

2017年12月，赵春媛被选定为绥化市海伦市共合镇保安村益农信息社信息员。赵春媛是村妇联主席、扶贫专干、村组长，2016年获得"绥化市优秀乡土人才奖"，2017年当选海伦市第一次妇女代表大会执行委员会委员，2018年获得绥化市"巾帼建功标兵"称号。2017年成立益农信息社以来，赵春媛积极努力工作，把黑龙江省信息入户工程当成自己的事业。经过她不懈的努力，这项工程在保安村已取得了初步成效。

二、服务情况

打造"公司＋电商＋农户"模式。借助益农信息社平台，保安村张海龙利用"互联网＋思维创建品牌"一品一家成立"硒源食品冷冻公司"，带动7个村430多户农户及120户贫困户种植黏玉米。回收后，张海龙借助电商平台帮助农户们销售。现在，"硒源玉米"已经销售到全国各地，农户们得到了很好的收益，户均增收3 000元，贫困户户均增收700元，有效地开启了"公司＋电商＋农户"的精准帮扶模式。

推广招工信息＋电子商务服务。2018年，保安村共有28户农户种植菇娘681亩，需要捡菇娘、挑菇娘的人数大约两万余人，这样庞大的用工队伍，成了当地的一大难题。赵春媛通过就业培训板块，在网上发布招工信息，不间断地反复发布。很快周边乡镇海兴镇、百祥镇、伦河镇、联发乡就组织了20多台机车及1 000多人力来保安村及共合镇务工，解决了用工荒的难题。

2018年7～9月正是菇娘大量上市的季节，益农信息社信息员经常在终端机网页上发布销售信息，为种植户提供线上服务，其中"共合人黄菇娘""富硒甜姑娘"两个品牌在网上得到畅销。此外，还同时提供了"12316"热线服务，就菇娘种植、市场价格短信定制等进行公益服务。

建立"农资服务＋现场授课"相结合形式。2018年8月，借助益农信息社平台，赵春媛邀请到海伦市党校著名教授张静慧为农户们讲解农业政策、乡村振兴战略，以及如何社社联盟尽最大能力拿到补贴等知识，使农户们更加了解了党的"三农"政策和新时期农民的历史责任。张教授还指导农户们怎样通过益农社远程教育平台获得农技培训、技术咨询等多种服务。

三、个人心得

我非常珍惜这个机会，在工作中遇到不懂的问题就积极询问，从原来的"一窍不通"到现在成了村里的"样样精通"，也给村民带来了很大的帮助。我要继续利用信息社平台，使农业政策发挥、农产品质量监管、农村"三资"管理等服务内容陆续上线，使"农村最后一公里"的问题得到有效解决。

上海市浦东新区合庆镇奚家村益农信息社
杨燕信息员的典型事例

一、基本情况

杨燕作为益农社信息员，始终围绕政府的中心工作，在做好本职工作的同时，把大部分精力都放在了益农信息社的服务上，始终坚持信息益农、惠农，通过不断完善服务，做好村民信息的播报人、服务的贴心人。

二、服务情况

(一) 增加信息发布，拓宽农民信息视野

在工作中，她以为农综合信息服务平台等为依托，进一步加大农业信息采集、发布、公告力度。2018年，维护本村最新动态150多条、民生民本热点内容150多条，使农民及时了解村里、村外信息。在村部设立了专门的信息公告栏，张贴各种农业信息。同时还结合时间节点，在《奚家信息报》上刊登相关农业信息，发至每家每户。

(二) 认真履行职责，加强基础益农服务

1. 主动承担起为农民进行信息化培训服务的任务

"农民一点通"刚开始投入使用的时候，村民不敢用不会用，杨燕经常主动开展宣传工作，并示范如何操作。通过几年的努力，现在奚家村"农民一点通"每个月的点击量都在1 000次以上，为村民提供了便捷的咨询平台。奚家村五组有一位洪阿姨，热爱种植果树、花

草。有一次，因为果树树叶发黄，她就到村里来寻求杨燕的帮助。杨燕帮助洪阿姨打通了市里专家的电话，专家耐心仔细地给洪阿姨答疑解惑，并告诉她果树出现这种情况的可能性，以及如何安全用药，及时帮她解决了问题。

2．她帮助村域内特色产业提供信息推广平台

上海康明农业休闲观光专业合作社（以下简称"康明庄园"）是一家提供餐饮、住宿、垂钓、休闲娱乐等一体化服务的农家乐，风景优美。但是由于奚家村地理位置比较偏僻，一开始知道此处的人比较少，如何做好宣传推广成了康明庄园的主要难题。杨燕知道后，就把康明庄园的信息在利用"一村一网"这个网络平台上推送出去，同时还告知康明庄园负责人利用大众点评网等APP加大力度宣传。如今，越来越多的游客慕名而来，康明庄园的年度营业总额突破了1 000万元，进一步推动了当地特色产业发展，同时，还解决了奚家村部分富余劳动力的就业问题，帮助农民增收。

三、个人心得

作为一名基层信息员，我始终把完善信息平台作为工作的首要目标，把服务农民作为工作重心。作为一名80后，我希望用年轻的力量来感染更多的农民相信科学、相信网络。我希望能用自己的实际行动给农民谋实惠，农民满意了，说明我的工作就有实效了。

上海市崇明区骏马村益农信息社
杨仪信息员的典型事例

一、基本情况

杨仪负责的崇明区港沿镇骏马村益农信息社成立于2017年1月。该社成立以来，以服务"三农"为宗旨，以"便民、利民"为目标，主要围绕公益服务和便民服务展开，着力推进"信息精准到户、服务方便到家"，让农村也进入了信息时代。

二、服务情况

（一）信息服务功能齐全

益农信息社设施设备齐全，服务功能比较完善，拥有公益便民服务室20米²、培训体验室60米²、办公室30米²，电脑6台、投影仪1台、"农民一点通"机器1台、复印机1台、咨询服务电话2部，信息服务人员6人。为保障益农信息社服务落地打下了坚实基础。

（二）公益服务效果显著

依托本市为农信息综合服务平台和"12316"三农服务热线，一年来，益农社围绕本镇特色产业发展，积极开展农业种植技术培训和农业政策的宣传，聘请区、镇农技专家开展培训服务6场次，开展农业政策宣讲5场次，发布法律法规、惠民政策、种植养殖技术等信息500余条，积极帮助农户解决技术难题，每月提供信息咨询服务50余人次，当地群众高度称赞，满意率90%以上。

（三）便民服务开展良好

益农信息社整合党建、医疗、社保、村委会等单位资源，认真做好便民服务。两年来，为当地村民提供医疗发票报销、粮油卡领取和发放、代缴代收水电费等服务2 000余笔，方便了农民群众。

（四）信息化宣传服务成效明显

每月利用小队长会议、村民代表会议或者专题会议，开展信息进村入户宣传推广活动，全年累计开展活动12次，宣传人数300余人次。通过宣传"农民一点通""市民云"等信息平台，讲解智能手机的应用，让更多的村民学会运用信息化手段来查询日常生活信息。今年本村共有50余名群众下载了"市民云"APP，通过实名认证后，可一键查询到本人涉农及其他领域相关信息。每天都会有村民来村委会通过"农民一点通"查询涉农补贴等相关涉农信息，真正做到了让信息多"跑路"、农民少"跑腿"。

三、个人心得

作为一名骏马村益农信息社的信息员，我积极做好为农信息服务，让农民足不出村就可享受各项便捷服务。今后，我会更加努力工作，让益农信息社像一匹"骏马"在骏马村不停奔腾！

江苏省徐州市贾汪区南庄社区益农信息社贾宁信息员的典型事例

一、个人情况

贾宁负责的徐州市贾汪区南庄社区益农信息社成立于2015年4月。信息社成立以来，始终坚持"立足三农、服务农民、共同发展"原则，积极开展公益、便民、农产品电子商务和培训体验等服务，实现了"让信息多跑路，让群众少跑腿"的目标，深受群众欢迎，提高了村委会的公信力。

二、服务情况

（一）信息服务基础设施配套齐全

益农信息社设施设备齐全，服务功能比较完善，拥有办公室、培训体验室、便民服务大厅等场地近200米^2，服务大厅内墙醒目位置张挂益农信息社服务内容、服务承诺、工作职责等标识牌，配置了电脑2台、终端触控一体机1台、49寸彩电1台、银行取款POS机和"12316"热线咨询电话各1部，配有专职信息人员2名，为更好地开展益农信息服务打下了坚实的基础。

（二）公益服务效果显著

依托"12316"短信平台和"新华社村务通"平台，为群众积极开展农业生产经营、动植物疫病防治等农技推广、政策法规咨询服务。刚开始，贾宁利用"新华社村务通"平台为老百姓免费发布天气预报、农业科技信息，发布新农保交费等通知。一年来，围绕本区域特色产业发展和农民生产生活需求，信息社聘请区、镇农技专家开展培训服务8场次，受训村民近600人次；通过"12316"平台发布惠民政策、农业气象预报、种养殖技术等信息近600条，实地帮助10户群众解决种养殖技术难题18次，群众满意度较高。

（三）便民服务开展深入推进

以益农信息社为平台，通过整合彭城农商行、农行、电信、移动、邮政等社会资源力量，积极为农户开展小额取现、转账、查询，代缴农户新农保缴费以及水电费等便民服务。一年来，南庄村益农信息社开展为农服务各项业务近6 000笔，平均月服务人数近500人次，涉及资金总额突破1 000万元，极大方便了群众，被群众亲切誉为"开在田头村口的银行"。

（四）电子商务初见成效

信息社依托淘宝、天猫、京东、邮乐购等平台，同时自建平台，利用微商，积极开设农产品网店，通过与顺丰、申通、圆通、韵达等快递公司共建，着力推进农产品网上销售。一年来，益农信息社实现网上销售石榴、水蜜桃、杂粮等6类近20个农产品，销售额近300余万元，解决农民农产品销售难的问题，实现农民增收致富。

三、个人心得

益农信息社的设立方便了群众，也增强了干群感情。几年来，我一直从事益农信息社各项工作，工作内容虽然细碎繁琐，很辛苦，但是直接服务群众，群众看在眼里，记在心里，受到了群众好评，各级领导也对我的工作高度认可。我为自己的工作感到骄傲和自豪。

江苏省南通市海门市包场镇长桥村
益农信息社赵志新信息员的典型事例

一、基本情况

赵志新负责的江苏省海门市包场镇长桥村益农信息社成立于2017年11月，是依托一家有15余年历史的农资店改造升级建设的。该社成立以来，以"热心、放心、贴心"为主要服务宗旨，以"便民、利民、富民"为目标，积极开展公益、便民、农产品电子商务和培训体验四大服务，充分发挥了村级益农信息社为农服务的作用，形成了信息社和农户双赢的格局。

二、服务情况

（一）信息服务功能齐全

益农信息社设施设备齐全，服务功能比较完善，有农资店门面一间，占地40余米^2，电脑2台、电视机1台、打印机1台、触控一体机1台、电话1部、发票打印机1台、小票打印机1台、无线路由器3台、有线电视机1台、摄像头1只，信息服务人员1名。为保障各项服务的开展打下了坚实基础。

（二）公益服务效果显著

建立了信息服务台账和农资用户信息数据库，对接长桥村及临近村村民，点对点开展服务指导。一年来，利用农资店优势，多次邀请江苏中江种业育种专家、海门悦来镇农技站技术人员到田间为农民实地解说指导；每月利用农民到店购买农资的机会，利用QQ、微信接受农民各类农技咨询不下350人次，受到周边群众高度称赞，满意率95%以上。

（三）便民服务开展良好

1年来，益农信息社为本村民代缴电费、代充话费共计2.2万余元，直销农资产品1万多元，极大地方便了群众。平时义务为村民打印各种资料文档百余次，指导村民安装网上社保缴费APP百余次；同时，利用微信和到田间指导等方式，多次指导村民安全用药、合理施肥、茬口安排等。

（四）电子商务成效明显

由于本村经济比较发达，电子商务主要是以网上商品代购为主。信息社帮村民网上代购小型农机多台，有土豆脱皮机、笋干切丝机以及玉米脱粒机10台，代购电子秤20余台，各种生活用品、学习用品、粮油米面、零食等100余单，网上农资销售2万余元。大大方便了长桥村村民。

（五）引领带头作用显著

利用微信、QQ、电话等社交通讯工具，远程联络帮助同行与服务对象解决信息技术应用中遇到的难题，充分发挥了示范信息社的传、帮、带作用。信息社成立以来，开展各种培训10余次，培训200人次，指导安装农技耘APP 50余次，手机应用视频播放200余次，指导安装手机应用程序200余次，接待本镇内外前来学习取经的人员100余人次，为信息社的发展壮大起到了引领作用。

三、个人心得

通过益农信息社信息员的工作，我明白，要想提高工作能力，更好地为农户服务，平时就要加强学习，多问、多学、多记、多动手，对到店的农户要做到热情，热心，利用各种方式从各个方面给村民带来满意而便利的服务。

江苏省淮安市金湖县戴楼镇官塘村益农信息社刘俊云信息员的典型事例

一、基本情况

2014年，农业部在全国10个省份开展信息进村入户试点工作，金湖县为全国首批信息进村入户试点县，在戴楼镇官塘村建成了全国第一批益农信息社示范点，刘俊云被选聘为信息员。2015年，金湖县委县政府和阿里巴巴合作大力发展全县农村电子商务，刘俊云在官塘村益农信息社的基础上，融合建成了金湖县第一个农村淘宝村级服务站。

二、服务情况

（一）信息服务功能齐全

刘俊云负责的益农信息社施设备齐全，服务功能比较完善，拥有公益综合服务中心80米²、下设农村电商专业合作社100米²、培训室30米²，拥有电脑10台、投影仪1台、多功能大屏1台、银行存取款设备3套，其服务辐射了周边3个行政村和一个居委会，覆盖人口达8 000余人。

（二）公益服务效果明显

作为益农信息社村级信息员，刘俊云认真开展好益农信息社的四项服务，将农业部门发布的有关农事安排、病虫害防治、重要天气预报和惠农政策等通过明白纸、墙报、触摸大屏等及时做好宣传；利用农村淘宝和为民农村电子商务专业合作社的优势，积极宣传党和政府在农村的各项惠农政策以及农业法律法规，积极做好益农信息社功能及农业新产品、新技术的推广和培训；还利用益农信息社的优势，积极为当地的农村留守儿童免费举办各类夏令营。

（三）便民服务开展良好

及时收集本地农民种植、养殖、农副产品等农业生产信息及各类生活资料需求信息，提供给运营商平台，定制服务内容，为农民提供具体指导和服务。通过"12316"热线电话、咨询专家等方式，帮助农民解决生产生活中遇到的困难；代缴水电、电话、宽带费等，为农民生产生活提供便利；不断丰富益农信息社为农服务内涵，增加为农服务内容，增强益农信息社可持续运营的能力。

（四）电子商务成效明显

刘俊云依托益农信息社，成立了金湖县第一个农村淘宝村级服务站。2016年8月，组织6名青年农民共同发起成立了金湖县第一家为民农村电子商务专业合作社，每年为当地百姓代购达100余万元，通过网络销售农产品500余万元。

（五）引领带头作用显著

刘俊云不只为本辖区内的村民举办培训班，还受邀为全县、市内的电商从业者讲课，每月平均2～3次接待来自省内外各地的领导、学员等前来观摩学习。刘俊云先后被评为"淮安市农村青年致富带头人""金湖好人""金湖县劳动模范"等荣誉称号。

三、个人心得

将来，我准备投资100余万元新建全县第一个农村电商综合服务中心，建成后将集农村电商办公区、物流收发区、培训中心等于一体，为从事电商的青年农民提供一站式的电商服务。我的工作得到了村民的一致好评，在以后的工作中，我还要加强学习，提升专业技能和服务水平，创新创优为农服务方式和内容，不断提升农民满意度。

江苏省盐城市阜宁县城西村益农信息社朱陟信息员的典型事例

一、基本情况

朱陟负责的阜宁县阜城街道城西村益农信息社成立于2016年12月。该信息社以阜宁县鸿陟农产品有限公司为载体，以服务"三农"为宗旨，以便民、惠民、利民、富民为目标，以生态循环经济为理念，采用"益农信息社＋公司＋农户＋合作社"的模式，带动农民脱贫致富，实现农产品产销对称。信息社采取市场化运作，引导农民利用信息化手段，缩小城乡数字鸿沟，助推农村经济和城乡一体化发展，成为农村基层的公共服务平台。

二、服务情况

（一）电商服务成效显著

一是利用"12316"热线、信息服务站、新农邦电商平台、"那片林子"小程序等，发布各类供应消息，解决销售难的问题，使生态黑猪、散养土鸡、土鸡蛋、散养老鸭、鱼、蔬菜、水果等取得更好的销售业绩。信息社成立至今，通过线上线下共计帮助农户销售农产品400余万元。经过一段时间的实践摸索，该信息社与20余户养鸡农户签订长期供销协议，所有土鸡、土鸡蛋均采取订单式生产，依托互联网电商平台预售，以高于市场价10%～20%保护价收购。信息社借助平台已帮助100余户贫困农户及20余户养殖农户销售其养殖的生态农产品，合作农户年均增收 2 万余元，贫困农户人均增收 3 000 余元。二是成功帮助当地 1 000 多户村民代购生活用品如家电、衣物等，帮助百余户种养大户代购农业生产资料如种子、农药、化肥、农机、农具等，自 2017 年成立至今信息社已经帮助村民代购了近 100 万元商品。三是作为村级物流配送集散地，不仅为全村村民提供包裹代收服务，同时还为周边 3 公里内的村民义务送快递。今年 6 月 20 日，信息员为顾正戈等近 40 位村民提供了空调的前期挑选、下单，后期的验货、送货、安装等一条龙服务。

（二）便民服务深受欢迎

该信息社成立至今，为村民代缴话费、水电费、电视费、保险费等项目约 20 万元，使村民不出村、大户不出户即可办理相关业务事项。同时，信息社还提供各项代理业务，如代理各种产品销售、婚庆、租车、旅游、飞机订票等商业服务，其服务金额达 40 万余元。

（三）公益培训服务深受好评

向当地农民提供农业新技术、新品种、新产品培训，提供信息技术和产品体验；同时精准推送农业生产经营、政策法规、村务公开、惠农补贴查询、法律咨询、就业等公益服务信息及现场咨询。现该信息社已成功举办 20 余次相关培训，深受好评。

三、个人心得

益农信息社的设立给农民带来了便利，也是信息员的自我展示平台。两年来，作为益农信息社的信息员，虽然各项工作都很辛苦，但辛苦之余更多的是收获。我的工作得到了各级领导的高度认可，我的服务深受身边村民的好评，群众满意度非常高，我为此感到高兴和自豪。

江苏省泰州市姜堰市溱潼镇南寺村益农信息社李辉信息员的典型事例

一、基本情况

为响应乡村振兴战略号召，带动农村居民创业致富，推动区域农产品销售多元化发展。2018年3月，李辉成为了泰州市姜堰区溱潼镇南寺村益农社信息员，为村民提供便民服务、培训农村创业致富能手等，通过多种形式推动信息进村入户。

二、服务情况

南寺村益农信息社成立以来，信息员李辉一心想要带富群众，用自己的电商专业知识和实际行动，帮助村民销售农产品。他先后组织村民外出参观学习16次，实地考察4次；与电商企业联系，联系岗位47个，使他们在闲时也能够增加收入，解决60多岁老人临时工作120多人；政策咨询40余次，代缴纳水电、煤气、话费1.17万元；农民手机培训76人；采购各类电器及农资198件。让村民们真正感受到了益农信息社的"益农"。

之前，李辉是泰州市溱湖八鲜电子商务有限公司总经理，电商专业知识在本地数一数二，当时，他考上村官之后，村民们都不是很理解，为什么放着好好的企业不做，跑到村里来做个小小的村官，做个益农信息员。李辉是这样回答的："我会赚钱，会做企业，可是村民的生活条件并不是太好，农产品销售也不是很好，我要让他们都会赚钱！"就这样李辉扎根在了基层，扎根在益农信息员的岗位上。村里的村民大多是三四十岁的青年人，缺少电商的专业知识，想要在短时间内教会大家如何做好淘宝、京东这种购物平台是不可能实现的。于是，李辉"弯道超车"，向姜堰区团委申请注册了"姜堰区青年微商协会"，这也是本市第一个微商协会，教大家如何用微信进行销售，如何做好微商。从怎么加好友、怎么拍出好看的照片、怎么编辑引人注目的文案，都通过培训课教给了大家。短短几个月时间，李辉指导村民微商创业86人，教会大家使用微信购物、缴费113人，帮助村民销售溱湖簖蟹、手工粽子、手工桌椅各类农产品达283万元。

通过积极地探索创新，在农村创业创新比赛中，他首创的"自热龙虾饭"项目获得了省级比赛第三名、市级比赛第一名的好成绩。该项目预计可带动带动农户128人，吸引青年农民21人，每亩产值1万元，为当地的乡村振兴提供了有力的平台与支撑。

三、个人心得

近年来，我一直从事益农信息社各项工作，虽然辛苦，但深受群众好评。未来我将继续开展特色鲜明、可持续发展的电商工作，打响南寺村"江苏省电子商务示范村""一村一品一店示范基地"的金字招牌，使更多的人加入到农村电商中，争取带领大家早日实现小康。

浙江省嘉兴市平湖市大力村示范型
益农信息社周丽婷信息员的典型事例

一、基本情况

周丽婷负责的浙江省平湖市（县）钟埭街道（镇）大力村益农信息社成立于2017年12月。该社成立以来，秉承"服务三农、资源共享、共同发展"的理念，以"便民、利民、富民"为目标，积极开展公益、便民、农产品电子商务和培训体验四大服务，着力推进"信息精准到户、服务方便到家"，已成为农民群众之家，彰显了"互联网＋"益农信息社的效果，形成了信息社和农户双赢格局。2017年，该社被农业部授予全国"益农信息社百佳案例"荣誉称号。

二、服务情况

（一）信息服务功能齐全

益农信息社设施设备齐全，服务功能比较完善，信息社共有三层，底层是300米^{2}的一站式公益便民服务大厅，二层有可容纳100多人的培训教室（文化礼堂）、60米^{2}的农业科技书屋，还因地制宜地配备了日托室、谈心室、健身房、老年活动室、多功能会议室等。益农信息社配备12.5米^2、20米^2（室外）的LED大屏2个、电子触摸屏2台、电脑1台、投影仪1台、信息服务一体机1台、咨询服务电话2部，开设信息电商平台1个，提供免费Wi-Fi供村民无线上网。该信息社有信息员一名，做好益农信息社日常信息发送、发布工作，为保障公益、便民、农产品电子商务和培训体验四大服务落地打下了坚实基础。

（二）公益服务效果显著

信息社整合万村联网新农村网站、农民信箱服务点、"12316"为农服务平台、农村党员远程教育点、村便民服务中心、村邮站等涉农部门的公益服务资源开展公益服务。目前，共有农民信箱注册用户504人，点对点开展服务指导。一年来，围绕农村美、农业强、农民富，信息社聘请市、镇农技专家开展培训服务6场次，发布农业政策、农技知识、每日一助、农产品市场行情、气象预警等信息200余条，帮助农户解决生产生活难题15项，本村农信服务覆盖率达到65%，月提供信息咨询服务250余人次，受益农户户均增收150元以上，受到当地村民高度称赞，满意率90%以上，成为信息服务的"新名片"。

（三）便民服务开展良好

以益农信息社为骨干，整合党建、商务、供销、邮政、农行、村委会等单位资源，将"最多跑一次"延伸到村，开展"我为乡亲跑跑腿"活动。一年来，共代办各类事项450余件，代收取养老金90余万元。同时，将"便民服务日"常态化，结合文化活动，组织策划各类文艺活动，丰富村民业余生活，共有500余村民参与。

（四）电子商务成效明显

依托村邮站、农民信箱地方馆，帮助农户开展农产品网上销售。结合美丽乡村3A级旅游景区创建，着力打造草莓园、葡萄园和果园三大采摘园，面积185亩。通过农民信箱平台及时发布采摘园农产品买卖信息、供求信息，结合"玩转金平湖美丽乡村线路"沿线游，开展农旅等活动，将采摘园打造成为精品旅游点。一年来，益农信息社助推农产品线上线下销售农产品10类60余个，销售额105余万元，初步解决了农产品"上行一公里"的问题，进一步推动了特色产业发展，加快了农民增收致富的步伐。

（五）培训体验深入人心

按照传、帮、带的"保姆式"形式，帮助返乡农民工、留守青年、种养农户实施创业与技能提升行动，组织开展农业绿色种植养殖、手工编织、安全知识、农民画、烘焙等培训，提升信息社的影响力和凝聚力。信息社成立以来，共开展培训120余次，培训6 000人次，接待市内外前来学习参观的人员185余人次，扶持创业农民和大学生8人，通过全方位培训与体验，提升了村民的技能，更好地"谋职业"。

三、个人心得

作为基层的一名信息员，益农信息社成为我与村民沟通、交流的一个平台，拉近了我与村民的距离，为村民开展信息服务没有句号，只有逗号；没有最好，只有更好。我相信，只要有一颗真诚、炽热的心，一定会将益农信息服务做得更好！

浙江省绍兴市嵊州市江夏村普惠蔬菜
益农信息社史浙军信息员的典型事例

一、基本情况

史浙军负责的浙江省嵊州市江夏村普惠蔬菜益农信息社成立于2015年12月。该社成立以来，秉承"农业产业致农于心，农民事业致业于行"理念，积极打造为农服务综合平台，开展政策调研、春耕备耕、技术指导、农技培训、信息宣传、蔬菜贷等20余项农村信息服务。2017年，该社被农业部授予全国"益农信息社百佳案例"荣誉称号；获得2017年度"农产品质量安全追溯示范点"荣誉称号；获得"2017年度绍兴基层特色科普馆"荣誉称号；2018年被评为浙江省级、国家级星创天地。

二、服务情况

（一）信息服务功能齐全

益农信息社设施设备齐全，服务功能比较完善，拥有公益便民服务室120米²、农产品电商展示展销室200米²、培训演播室300米²、办公室80米²、电脑12台、投影仪2台、信息服务一体机1台、咨询服务电话2部、开设信息电商平台5个，信息服务人员8人（其中农技服务专家3人）；建农产品仓库600米²，冷冻（藏）库800米²。为保障公益、便民、农产品电子商务和培训体验四大服务落地服务打下了坚实基础。

（二）强化便民服务，促进产业发展

积极开展嵊州市蔬菜产业全程社会化服务的试点工作，以6家蔬菜产业专业合作社为基础组建联合社，在蔬菜产业开展农资农药、种子种苗、农产品流通、农民培训、农业机械服务、"蔬菜贷"服务等蔬菜生产全程社会化服务，带领社员人均每年增收17 750元，每年解决农村劳动力8 320人次。

1．开展技术培训服务

在综合服务中心建设演播室300米^2，购置课桌椅200套、教学设备3套、标准化农民田间学校5处，与浙江中农在线合作购置视频在线学习资源的相关录制软件，使用移动端手机APP和网站Web端专题，使广大农民、农技人员、农广校老师可通过智能手机方便快捷地享受到最新资讯、惠农政策服务、病虫害专家在线诊断等服务。同时与上海市农科院、浙江省农科院、浙江大学、绍兴文理学院等高校教授、专家达成长期合作关系。组建蔬菜产业技术创新服务团队，多途径开展为农服务，包括标准化生产技术的制定、推广、培训服务，创新人才团队培育，现场指导优质品种示范区建设等。利用农民信箱等开展便民信息服务，今年来已通过微信群、农民信箱发布各类信息410条，开展培训11次1 030人。

2．提供农资农药服务

以低价服务农户，建立蔬菜专科医院平台，分接待区、良药展示区、新鲜果蔬展示区、医生问诊区、测土配方实验室以及农资服务区6个区块，利用联合社技术服务团队提供坐堂门诊、田头门诊、线上问诊、测土配方施肥、病虫草害防治等服务，目前已发展农资农药团购会员2 600多人。

3．开展种子种苗服务

积极与上海农科院、浙江省农科院以及济南伟丽种业有限公司等科研院校、种企合作引进优质品种。到目前为止，已为农户提供浙蒲9号、浙樱粉1号、浙樱粉2号等优质种子1 320斤，种苗395万株，

助农亩均增收1 825元。

4．开展农机服务

购进大批农业机械，为社会化服务签订单位服务或租赁给会员使用；会员单位购买的租赁给联合社统一调度，形成双向互动，有效利用农业机械，发挥机械的最大价值。从田田圈农业服务中心引进MG-1S农业植保机一架进行大田防病治虫服务。

5．开展基地统购统销服务

与合作社32家、种植大户55人签订统购统销服务的，统一提供种子秧苗，按照标准种植，由联合社统一收购产品。坚持蔬菜销售实体店＋农产品＋电子商务共同发展路子，确保菜农收益。在市区开设蔬菜直营店3家，建立微商平台，推进微商销售，现拥有稳定的小区会员2 700多人，开展配送服务，还与11家贩销大户、农业经纪人合作，实现农超对接、批发直营店等渠道分销。其中为浙江（绍兴）供销超市的50余家分店日供蔬菜1.6万斤以上，年销售额达3 900多万元。

（三）重视品牌建设，提高农业效益

积极开展品质农业建设，注册并培育"吖吖蔬蔬"系列蔬菜品牌，把嵊州"生姜、儿菜、蒲瓜"打造成全省特色农产品。示范推广地膜、黄板、温控等果蔬绿色防控技术，应用甲鱼与茭白套养等生态循环模式，大力使用商品有机肥，推进农产品质量安全服务，不断促进嵊州蔬菜产业的可持续发展。"吖吖蔬蔬"品牌产品——茭白、蒲瓜连续两年获浙江省精品果蔬展销会金奖。

三、个人心得

普惠益农信息社的设立，使为农服务工作更加深入细化，由专业的人来做专业的事，让做农民越来越简单。接下来，普惠益农信息社将以更加开放的姿态扩大为农服务综合平台，克服困难，以带领小农户发展现代农业为主要目标，促进蔬菜产业规模经营和持续发展。

浙江省衢州市开化县叶溪村叶溪益农信息社汪佳佳信息员的典型事例

一、基本情况

为进一步探索"互联网＋益农跑"模式，积极推动益农社四大服务全面落地，助力"最多跑一次"深化改革，有效地推动乡村振兴战略的落地实施。2016年5月，在政府的大力引导、支持下，汪佳佳成为了浙江省开化县华埠镇叶溪村益农社信息员，致力于带动返乡青年再创业、推广本土优质农副产品外销、提供便民办事服务、培训农村创业致富能手等工作，通过多种形式推动"互联网＋益农跑"进村入户。形成了信息社和农户双赢格局。

二、服务情况

（一）信息服务功能齐全

根据示范型村级益农信息社的要求，叶溪村益农信息社设施配备齐全，服务功能比较完善，拥有400米^{2}的一站式便民服务大厅、可容纳100人的培训室、因地制宜地配备了谈心室、老年活动室、多功能会议室等。硬件设备配置有电脑10台、投影仪2台、存取款设备1套、打印机3台、电子触屏1台，保障了益农社四大服务落地服务深入基层。

（二）公益服务效果显著

利用节假日积极开展相关农业宣传及技能培训，2017年8月30日，县农技110和电信、银行等部门到叶溪村开展手机应用培训活动，共有56人参加，现场发放了信息进村入户宣传手册，组织了现场提问抢答活动，并发放小奖品，气氛非常活跃。这次活动真正让农民了解了信息进村入户的服务内容，发挥了益农社的作用。益农社每年还组织开展公益活动2次，邀请卫生院免费为广大村民提供医疗服务；同时，积极为广大群众提供互联网商品代购、快递代收代发、农资农具代购、生活缴费等便民服务，真正让群众体会到了益农信息社带来的便利。两年多来，汪佳佳充分利用益农社建在村级便民服务中心的优势，积极开展公益服务、便民服务、电商服务和培训体验四大服务，采集和发布各类信息800多条，接受农民各种咨询400余人次，举办各种培训、活动30多期，培训人员200多人次，建立农民信箱用户369人。

（三）便民服务开展良好

2018年4月，通过各方收集资料，整合资源，信息员汪佳佳设计制作了宣传单页和海报，并利用休息时间挨家挨户发放服务宣传单页，同时，指导村民学会用手机进行各类生活缴费，并对目前村民诉求做好登记工作，实现了群众"最多跑一次，跑也不出村"。比如，户籍、生育登记，取款、缴费等农村群众常办的"10件事"，一次办成率由60%提高到98%以上。信息社充分利用村级微信群，及时收集群众办事需求，群众只需联系信息员，备齐所有办事所需资料，信息员上门提供代办服务，"代跑"升级"代办"，让老百姓"一次也不用跑，小事不出村，大事少跑路"。叶溪村益农社信息员创新推出"益农跑"，同时融合优势资源，充实服务内容，探索出了一条"网上办＋微信办＋上门办＋委托代办"综合一体生活服务新模式。将"六大"业务买、卖、推、缴、帮、代服务扎根基层，真正让服务做加法，帮村民做减法。通过上门代办共为叶溪村群众办理各项工作1 758次，直接交易金额达3 000多万元，减少群众办事跑路至少2 894千米，节省群众589小时，大大缩短了群众办事的时间，满意度达到100%，获得了群众一致好评。用信息员的辛苦指数、服务指数，赢得了群众的满意指数、幸福指数。2018年11月，浙江日报就叶溪村助力"最多跑一次"便民服务进行了采访，对我村结合益农跑给予极大的肯定。

（四）电子商务成效明显

依托农村淘宝网、赶集网、京东等网络平台，开设农村淘宝网服务网点1个，京东服务点1个，村民不出村就可以把自己的农产品卖出去，快递送货到村，解决了快递到村的最后一千米，同时也为创业青年提供了就业机会。扶持创业农民和大学生5人。

三、个人心得

"一个人、一张网、一双腿，穿梭在村间小道"；

"一个包、一支笔，一个本，记录下农情民意"；

"一张嘴、一双眼、一身业务能力，提供者全科服务"。

这九个"一"是我平时的工作写照。我觉得我还得努力做到4点：

一要做到腿勤，每天在村里转一转，走一走；通过每日巡查，每天都能第一时间发现村民的需求和问题，把问题解决在互联网中。真正做到人在网中走，事在网中做。二是要手勤，对每天的工作记录在案，及时登记台账；同时充分利用村级微信群，及时收集群众办事需求，做好登记和梳理工作。助力打通信息进村的"毛细血管"。三是要脑勤，多想想，多反思，怎样才能把信息服务工作做好做细。四是要做到嘴勤，多与村民联络感情，能够及时掌握他们的动态和需求。

浙江省台州市温岭市滨海镇新横径村益农信息社章珍燕信息员的典型事例

一、基本情况

为进一步助推脱贫攻坚，推动乡村振兴战略，在政府的大力引导、支持下，章珍燕成为了温岭市滨海镇新横径村益农社信息员。她致力于带动返乡青年再创业、推广本土优质农副产品外销、提供便民办事服务、培训农村创业致富能手等工作，通过多种形式推动信息进村入户。作为一名农村基层服务工作者，她深知农村工作繁琐复杂，平时有很多村民需要在互联网上查找资料，购买物品，复印、打印一些文字文件等，他们都会找章珍燕帮忙，一年多来，章珍燕通过努力共帮助完成了各种事项1973项，极大地方便了本村村民的办事。

二、服务情况

在上级的帮助下，新横径村益农信息社拥有较好的硬件环境，有固定的办公场所，配备专业的服务人员全日制上岗，并配备了电脑、打印复印扫描一体机、电视显示屏、机顶盒等信息化办公设备，并能提供免费Wi-Fi上网环境，能够应用并及时更新维护农民信箱、万村联网网站及农业信息工作相关系统平台，已有持续运营能力。益农信息社设立以来，为全村村民及时发送上级及村里许多重要政策、法规、信息及通知等50多条次，协助解决村民在农业生产过程中遇到的难题，并提供上网查询信息、业务咨询、业务联系、农林许可项目

"最多跑一次"咨询上传资料等服务，为服务广大村民提供了极大的便利。

新横径村益农社成立以来，章珍燕始终心系百姓，用实实在在的行动去关爱帮助困难群众。先后开展公益活动多次，组织接送贫困户及老年人参加免费注射流感疫苗、白内障筛查及手术、免费体检等医疗义诊活动；同时，积极为广大群众提供互联网商品代购、快递代收代发、农资农具代购、生活缴费等便民服务1 000多条次，真正让群众体会到了益农信息社带来的便利。

农民信箱是浙江省推出的一个公益性农业平台，涵盖了农业生产经营的各个方面。本村的农民信箱用户原来只有村民委员会成员及农业种植户等几十名用户，为使农民信箱给村民提供更好更全面的信息服务，章珍燕不断宣传和推广农民信箱和掌上农民信箱，现在用户已达341人，涵盖了村内绝大部分浙江省内移动电话用户。每日一助、农业技术、政策、气象预警、村务公开等信息像长了翅膀飞到了广大村民的手机上，有力弥补了联络村民只使用微信的局限性，为村民委员会和广大村民带来了很多实实在在的好处与方便。2017年，一位村民种植的几十亩青枣打不开销路，眼看就要烂在树上了，向章珍燕求助。章珍燕马上通过农民信箱把信息发给全村村民，再把信息推荐给上级申请发布"每日一助"。信息一经群发，全市11.2万人都收到了青枣的采摘信息，这位村民的几十亩青枣很快就销售一空了。章珍燕通过农民信箱申请"每日一助"、发布买卖信息，不仅帮农户卖出了蔬菜、水果、蓝莓苗，转让了葡萄园，也将村里200多亩农用土地出租出去，获得了较好的收益，节约了营销成本。现在农户家里农作物成熟了，就会来找益农社发布信息。

创新思维，积极探索，带领更多返乡青年用双手实现乡村振兴战略梦。在章珍燕的积极经营下，益农社始终秉承资源共享、信息共享、平台共享的原则，积极邀请返乡青年参与乡村振兴发展，通过多次培训，凝聚和巩固了本村益农社人才储备，为实现乡村振兴战略提供了有力的支撑！

三、个人心得

益农信息社的设立方便了群众，也增强了干群感情。作为一名村级信息员，我一直从事益农信息社各项工作，从来没有给自己固定的休息时间，不管是白天还是晚上，是工作日还是星期天，只要有村民需要我帮忙，我都会尽量放下手上的事情去为村民服务。虽然很辛苦，但各级领导对我高度认可，也深受群众好评。看到群众一张张满意的笑脸，我再苦再累也是值得的。

浙江省丽水市缙云县新建镇河阳村朱子阁 益农信息社陈诗洁信息员的典型事例

一、基本情况

为进一步探索"互联网＋农村"新模式，积极回引外出务工优秀人才，助推脱贫攻坚，推动乡村振兴战略落地实施。2017年5月，在政府的大力引导、支持下，陈诗洁成为了浙江省丽水市缙云县新建镇河阳村益农社信息员。她致力于带动返乡青年再创业、推广本土优质农副产品外销、提供便民办事服务、培训农村创业致富能手等工作，通过多种形式推动"互联网＋"进村入户。

二、服务情况

河阳朱子阁益农信息社依托朱子阁家庭农场河阳门店建设，按照有场所、有人员、有设备、有宽带、有网页、有持续运营能力"六有标准"，集成公益服务、便民服务、农村电商服务和培训体验服务等多项功能，在不断完善自身建设的基础上逐步铺就"数字河阳"，为广大河阳村民打造"云端生活"，村民通过互联网即可"足不出户，知天下事"，及时掌握各类信息，真正打通农村信息服务的"最后一公里"。初步统计，河阳朱子阁益农信息社自成立以来，累计为农民提供公益服务1 000多人次，开展便民服务1 800多人次，实现电子商务交易额10万多元。

（一）公益服务集成化

信息社通过与缙云当地淘实惠公司对接，开通信息进村入户信息化专栏，将惠农政策、农技服务、农产品商务、招工服务等信息内容通过触摸屏推送给广大农户，并通过淘实惠服务平台更新发布，公益服务效果显著。依托本县"源味石柱"平台，"12316"信息服务台账和农产品信息数据库，对接贫困农户137户，点对点开展服务指导。一年来，围绕本镇特色产业发展、精准扶贫和农民增收，聘请县、镇农技专家开展培训服务13场次，发布法律法规、惠民政策、农产品市场、种植养殖各类信息，村民通过互联网即可"足不出户，知天下事"，及时掌握各类信息。同时，朱子阁益农信息社还发挥专业性站点的优势，为茶农提供产前、产中、产后的技术信息服务咨询，迄今为止，累计为当地茶农提供技术服务600人次。

（二）便民服务一站式

信息社设立便民服务窗口，专门服务河阳村民，集中在"缴、代、取"等方面发力，为村民有效提供复印传真、招聘求职、网上代购、收发快递、充值话费、交水电费、查询农业技术等便民服务，实现了普通农户不出村就可享受到便捷、经济、高效的一站式便民服务，真正做到"小门面办成百样事"。截至目前，信息社已累计开展便民服务内容20多项，便民服务达到1 500人次以上。

（三）农村电商一条龙

信息社充分发挥丽水"农村电商摇篮"的先行优势，整合河阳当地农户自产的白莲、黄茶、传统手工艺品等各类地方特色产品，通过专业人士进行精心包装、设计和宣传，依托朱子阁河阳门店、"自然造物"微店、淘宝店铺等载体，通过线上线下同步推广，大幅度提高产品的附加值和竞争力，使得"藏在深闺人未识"的地方特色产品由河阳走向广阔市场，兴起一股河阳"乡愁产业"热潮，让农村电商成为促农增收的"加速器"。截至目前，信息社为当地农民设计营销各类产品达 20 余款，累计销售额达 10 万多元。

（四）培训体验多元化

信息社依托"千年古村、耕读河阳"浓厚的传统优秀文化，以及河阳景区的天然有利条件，邀请到缙云乃至丽水境内知名的书法老师、茶艺老师、非遗文化传承人、手工艺术大师等各类专家，为当地村民以及周边百姓提供各类艺术培训体验活动，并逐步成为了当地小有名气的艺术培训基地。截至目前，信息社在河阳朱子阁老茶铺已累计举办书法体验活动 12 场、茶艺表演活动 38 场、非遗剪纸培训 20 场、手工编织培训 5 场，极大地丰富了当地村民的精神文化生活，也有力推动了非遗文化的传承与创新。

三、个人心得

益农信息社的设立方便了群众，也增强了干群感情。几年来，我一直从事益农信息社各项工作，虽然很辛苦，但各级领导对我高度认可，深受群众好评，群众满意度也非常高，连续多年获得多种荣誉。

安徽省滁州市明光市涧溪镇祝岗村
益农信息社魏升信息员的典型事例

一、基本情况

魏升，42岁，安徽省明光市涧溪镇白沙王村农民，曾外出务工多年。2017年4月，在市农委的大力引导下返乡创业，成立了皖艾家庭农场，2017年7月，成立了安徽清山艾草制品有限公司，注册了"皖艾""江淮清艾"商标。白沙王村益农信息社依托皖艾家庭农场建设，为专业型益农信息社，配备农业专家决策系统、电脑等云端设备、50寸显示屏、展示柜、打印机、"12316"热线电话、桌椅等设备，利用信息化服务手段，为周边农户推广农业科技，提供了便民办事公益服务，开展明光艾草制品电商，培训农村信息员等创业致富能手，促进了明光艾草产业发展，助推当地脱贫攻坚。2018年，信息员魏升的事迹入选农业农村部全国益农信息社100个信息员典型案例，"皖艾"被中国品牌领袖联盟评为2018中国品牌影响力品牌榜大健康艾草行业"最具影响力品牌创新奖"。

二、服务情况

1. 服务开展情况

开展公益服务、便民服务、电子商务和培训体验四项服务，各项业务熟练。不仅能为农民现场提供服务，还能通过"12316"电话、农技气象短信、明光智农3.0微信平台、QQ群等方式提供在线服务，突出服务"三农"的专业特色，为涧溪镇及周边农民提供艾草产业全程服务。2018年5月8~9日，安徽省信息进村入户现场培训班在明光举办，该益农信息社为现场观摩点。安徽省10多个县的新型农民农村信息员培训班1 100名和明光市电子商务进农村培训5个班500人到该益农信息社实训。2018年7月12日，滁州市产业扶贫现场会100多人来益农社现场观摩。2018年，益农社通过多种形式月服务人数400多人次。

2．服务成效

促进了明光艾草产业发展，对农业产业发展、农民增收脱贫、农村创业创新、乡村振兴起到明显推动作用。2017年流转1 500亩土地建设艾草示范基地，2017—2018年带动周边近200名农民订单种植艾草1万多亩，增收1 200万元。带动51个贫困户，户均增收5 000多元。2018年以来，该社在互联网上销售艾枕、艾条、艾包等艾草产品，实现网络交易额160万元。

三、个人心得

从事益农信息社信息员工作，一是方便了群众，及时精准了解周边农民生产生活方面的信息需求，为周边农户提高艾草生产技术进行指导；二是促进了一二三产业融合发展，网上销售艾制品，促进了农民增收，带动了农民脱贫致富；三是群众满意度非常高；四是自己信息化水平和经营能力有了很大提高。今后，我将继续努力，利用好益农信息社平台，促进农副产品上行，发展艾草种植、艾产品加工、艾草研发、艾灸馆连锁、艾灸培训等为一体的农业科技公司，带动明光艾草产业发展。

安徽省滁州市明光市涧溪镇鲁山村 益农信息社张乃刚信息员的典型事例

一、基本情况

张乃刚同志，39岁，安徽省明光市涧溪镇鲁山村农民，1996年入伍，被评为优秀士兵（官）8次，荣立三等功1次。2016年退伍回到家乡开了农资销售服务店。2017年，在市农委的帮助下，整合资源，成立了鲁山村益农信息社，配备了益农小屋、电脑、展示柜、打印机、电话、桌椅、银行"惠民宝"等设备，具备买、卖、推、缴、代、取六项基本功能，促进了绿豆等产业发展，助推当地乡村振兴。2018年，张乃刚的事迹入选农业农村部全国益农信息社100个信息员典型案例。

二、服务情况

1. 服务开展情况

开展公益服务、便民服务、电子商务和培训体验四项服务。不仅能为农民提供现场服务，还能通过"12316"电话、农技气象短信、明光智农3.0微信平台、QQ群等方式提供在线服务。为周边农户提供农业技术咨询，提供办理中国移动、联通业务、免费代买火车票等便民办事公益服务，开展农村淘宝和农产品上行电商服务，培训农村信息员等创业致富能手。同时与市农业商业银行对接，进驻了"惠农金融服务室"，加装了"惠民宝"，增加了存折存取款、补登折、电子银行签约、挂失、银行卡明细查询、代缴费等功能，"社长"同时也成了小银行"行长"。2018年5月8～9日，安徽省信息进村入户现场培训班在明光举办，该益农信息社为现场观摩点，接待安徽省11个县的新型农民培训农村信息员培训班1 100名农村信息员。2018年通过多种形式月服务人数1 200多人次。

2. 服务成效

该社采用模块化"益农小屋"设计，集成益农信息社各要素，简单快捷，特色鲜明。云端上的设备提供自主式服务，更能体现简易社为农服务的灵活便捷，突出了共建共享，服务"三农"的专业特色。积极服务农民和新型农业经营主体，2018年帮助销售明光绿豆5万多千克，实现互联网交易额近100万元，对促进农业产业发展、农村创业创新起到明显推动作用。

三、个人心得

担任益农信息社信息员，一是方便了群众，及时精准了解到周边农民生产生活方面的信息需求；二是为周边农户提供农业生产技术指导和社会化服务，实现"让世界为农民种田，让世界为农民生活服务"；三是为周边农户网购各类产品、电商销售绿豆等当地名特优产品、促进农产品上行、促进一二三产业融合发展做了大量工作，四是群众欢迎，群众满意度也非常高；四是自己信息化水平和经营能力有了很大提高。今后，我将继续努力，利用好益农信息社平台，为促进农副产品上行、带动绿豆等产业发展做出更大贡献。

福建省泉州市永春县大羽村
益农信息社苏学琼信息员的典型事例

一、基本情况

永春县大羽村益农信息社，于2016年6月设立在五里街镇大羽村村部。大羽村位于县城西北部大鹏山麓，是永春县"后花园"，海拔200多米，山清水秀，空气清新，同时又是名扬海内外的永春白鹤拳的故乡，有村民400多人，4个村民小组。近年来，该村大力推进白鹤拳特色文化型美丽乡村建设，先后荣获"中国人居环境范例奖""全国宜居村庄""国家生态县文化示范点""中国永春拳第一村""福建省生态村""泉州美丽乡村"。两年多以来，大羽村益农社主要开展了以下工作。

二、服务情况

1. 推销名优农产品

充分发挥大羽村是闻名四海永春白鹤拳的故乡、武术文化底蕴深厚的优势，打造了一批"白鹤拳"系列的农产品；免费为游客提供茶水、免费旅游咨询，将永春美丽乡村介绍给游客，推荐适合游玩路线，同时，将村民的名优农副产品推荐给游客；通过网络电子商务平台，将永春县特色农产品，包括当地农户直购的农产品土特产与枇杷膏、菜干、萝卜干、笋干、土鸡蛋等农产品推广至全国各地，2016年6月至今，已销售当地农产品2 000多万元。

2．代买生产生活用品

通过"12316"三农信息服务平台与淘宝、京东等网上商城，为群众、种养大户等代购种子、农药、化肥、农机、农具、家电、衣物等农业生产资料和生活用品等，2016年6月至今已代购600多万元商品。

3．推广政策惠农信息

利用"12316"三农信息服务平台、信息网站等网络平台，向群众或游客精准推送农业生产经营、政策法规、村务公开、惠农补贴查询、法律咨询、就业等公益服务信息及现场咨询等服务，接受服务超过3万人次。

4．代办各项服务

为当地群众与外来游客提供话费、水电费、电视费、保险等代缴服务，特别对当地残疾人士采取上门收费缴费服务，使农民不出村、大户不出户即可办理相关业务事项；为当地农民提供各项代理业务，如利用网络平台提供各种产品销售、婚庆、租车、旅游、飞机订票等商业服务；代办邮政、彩票等机构的中介业务。

5．开展物流服务

设立快递物流合作服务站点，2016年至今已为当地提供农产品物流周转6 000多件，切实为当地在售农产品、农户提供便捷服务及各种物流配送服务。

6．全国展示蓝本

2018年4月，首届数字中国建设峰会上，农业农村部的信息进村入户整省推进示范展区就以永春县大羽村益农信息社为蓝本，全面展示了四项服务开展流程、工程建设模式和整省推进示范成效。

通过"12316"三农信息服务平台，不但实现了网上代购代卖、充值、缴费等功能，还可提供涉农部门行政事务等公益性便民服务，直接让农民在网上办理；实行手把手教农民使用智能手机，让农民获取基本的网络信息，切实提高当地农民的信息获取能力，快速推进农村农业信息化建设，全面实现网络信息化。

三、个人心得

我当上信息员后，充分发挥其村干部优势，切实用好终端机、手机、电脑、电视等永春三农通综合服务平台，协助村民在网上购买日常用品、缴纳手机话费等，在农村信息化服务方面掌握了独特的一些小窍门；特别是将乡村旅游、电商与农村土特产相互结合，促进农特产品走出县省、国门，给村民提供了方便快捷的信息生活环境。我同时还加强学习新的技能，丰富农村信息化服务功能，促进农村旅游经济快速发展，为实现乡村振兴尽自己最大的一份贡献。

福建省南平市邵武市城郊镇朱山村南武夷药博园益农信息社杨斌信息员的典型事例

一、基本情况

杨斌负责的福建省邵武市城郊镇朱山村南武夷药博园益农信息社成立于2016年8月，以南武夷药博园为中药材农业信息服务核心区域，将信息资源服务延伸到闽北区域的乡村和农户，通过科技成果推广、技能培训、文化传承传播等多渠道引导和带动农民增收致富，推进了区域中药材一二三产业的融合发展。

二、服务情况

一是促科技兴农。益农信息社服务平台植入到南武夷药博园后，以福建中医药大学、福建农林大、武夷学院、福建生物工程职业技术学院等高校为技术支撑，信息员杨斌主持或参与国家级、省级科技项目共7项，取得筛选中药材多花黄精、三叶青等优良品种5个，并出现了制定中药材规范化操作规程22项等一批科技成果。信息员杨斌发挥了益农信息社服务平台的优势，强化了成果推广，促进了科技兴农。

二是建田间课堂。信息员杨斌将益农信息社服务场所变成农民的田间课堂，开展授课和实训实践，月服务人数达300名以上，共开展种植加工技能培训23场，发布法律法规、惠民政策、市场行情、养生文化等信息2 000余条，致力于提高农民的现代信息技术应用水平，为农民解决中药材产前、产中、产后问题和健康养生等问题，积极引导和带动农民增收致富，切实推进闽北区域中药材一二三产业融合发展。

三是助创业孵化。信息员杨斌将中药材农业信息资源服务延伸到闽北区域的乡村和农户，并建立服务农村创新创业孵化平台——南武夷药博园星创天地，已入邵武市旭东生物科技有限公司等企业11家，孵化167名农民个人创业，降低了农民的创业成本，增加了农民收入，助力闽北区域城乡均衡发展，农民满意率达95%以上。

四是精准扶贫。信息员杨斌结合中药材产业精准扶贫，对接帮扶了邵武市各乡村贫困户28户，按照"党建引领、无偿赠股、解决就业、保姆式服务"的原则，与贫困户共建中药材扶贫基地210亩。2017年，带领对接帮扶的28户贫困户户均增收1 000元以上，提升了信息社的影响力和凝聚力。

三、个人心得

信息进村入户服务不仅便利了农户生活，带动了农户增收，同时也极大地提升了我的自身综合能力，也提高了药博园产业资源的利用率。工作中最大的困难是服务经费不足。下一步，我计划将科技特派员队伍引入益农信息社，扩大技术服务队伍和服务内容，让更多农户享受到便捷、经济、高效的生活与中药材产业信息服务，努力使南武夷药博园益农社成为益农信息社的标杆之一。

福建省龙岩市长汀县上修坊村益农信息社易小贞信息员的典型事例

一、基本情况

为助推脱贫攻坚，推动乡村振兴战略，在政府的大力引导、支持下，易小贞成为了福建省龙岩市长汀县上修坊村益农信息社信息员。她通过互联网＋乡村旅游＋农家乐，利用一带一路农业休闲观光采摘、生态养生美食体验、特色农产品电子商务销售带动更多的农民参与劳动创业。她致力于带动返乡青年再创业、推广本土优质农副产品外销、提供便民办事服务、培训农村创业致富能手等工作，通过多种形式推动"互联网＋"进村入户。

二、服务情况

上修坊村益农信息社成立以来，信息员易小贞始终心系百姓，积极为广大群众提供互联网商品代购、快递代收代发、农资农具代购、生活缴费等便民服务，真正让群众体会到了益农信息社带来的便利。她用实实在在的行动去关爱帮助困难群众，2017年，上修坊村贫困户修耿洪因妻子岳金金因病需要长期化疗及贴身照顾，医药费债台高筑，全家仅靠修耿洪打零工的收入维持生活，岳金金一度想要放弃治疗。发现这个情况后，易小贞立即上门劝说，安排修耿洪到农场工作，并以高于市场的价格收购他家的农产品，缓解他的家庭压力。

目前，农场与周边20多户贫困户挂钩帮扶结对子。因地制宜、因户施策、因人施法、因法脱贫，根据每个贫困户的情况采取相应的帮扶措施。如，为待业贫困户提供实用技术培训、就业岗位；为需要种植、养殖的贫困户提供种苗、技术、信息咨询等服务，并且与之签订农产品收购合同；通过农场及"长汀县森林产品电商中心"平台，线上线下相结合的模式，包装推广本地贫困户家中的优质家副产品。平均每户年可增收 5 000~30 000 元。

创新思维，积极探索，带领更多人用双手实现乡村振兴。依托益农信息社和农场，形成了一个帮扶同心圆，一环扣一环，招收吸纳贫困户、留守老人、大学生、返乡创业人员人到农场种植、养殖、绿化、营销、美食组劳动就业。目前农场服务中心与60多位农户签订了种植、养殖农产品收购合同，同时培养了30多名青年创业能手，解决就业岗位20多个，为返乡青年、贫困户开展技术技能培训1 000多人次。通过培训，凝聚和巩固了上修坊村益农社人才储备，为实现乡村振兴战略提供了有力的支撑。

如今，农场结合政策扶持，利用休闲农业、观光采摘、亲子种植体验，通过河田鸡美食、文化来带动合作社、农场及种养殖户的经济增长，实现家庭经济增长，真正做到带动一方人，致富一片人。

三、个人心得

福建省长汀县上修坊村益农信息社的设立方便了群众，也增强了干群感情。自我从事益农信息社各项工作以来，虽然很辛苦，但各级领导对我高度认可，也受到群众好评，并先后获得了多种荣誉。今后，我将继续借助益农信息社的平台，在自身发展致富的同时，也带动周边的农民致富，真正实现让农村土地"种出黄金，育出珍珠"。

福建省三明市清流县嵩溪镇罗陂岗村爱珍豆腐皮专业合作社益农信息社兰爱珍信息员的典型事例

一、基本情况

为进一步探索"互联网＋农村"新模式，积极回引外出务工优秀人才，助推脱贫攻坚，推动乡村振兴战略落地实施。2017年7月，在政府的大力引导、支持下，兰爱珍成为了福建省三明市清流县嵩溪镇罗陂岗村爱珍豆腐皮专业益农信息社信息员。她致力于带动返乡青年再创业、推广本土优质农副产品外销、提供便民办事服务、培训农村创业致富能手等工作，通过多种形式推动"互联网＋"进村入户。

二、服务情况

三明地区清流县罗陂岗村爱珍豆腐皮专业合作社益农信息社成立，为兰爱珍的事业发展拓展了广阔空间，插上了腾飞的翅膀。她利用信息社电商平台上行功能，通过"互联网＋豆腐皮"模式，发挥清流豆腐皮拥有的国家地理标志、品牌金奖等的优势，把产品推向全国。她通过努力，网上订单大幅增加、客户络绎不绝，为她的产品开辟了新的市场销售空间，豆腐皮销售网点、超市，由原来的几个发展到在全国铺开；运输由原来的零担托运发展成货车专车运输。一年时间里，合作社新增销售量200多吨，新增产值500多万元。

在自己致富的同时，兰爱珍始终心系百姓，为解决当前贫困户农副产品销售难的问题，积极探索"互联网＋精准扶贫"模式下的农村电商发展。贫困户兰发生在没有依托信息社电商平台前，一个萝腾包只能在当地市场上卖3元钱，有了信息社的电商平台后，他的萝藤包卖到了新疆、上海等地，一个就可卖到15元钱，收益是原来的5倍。贫困户兰秋和一年前豆腐皮只能销售约4吨，销售额10万元左右，依托信息社电商平台后每年销量增加约2吨，新增销售额约5万元。一年来，兰爱珍信息社电商平台带动村民60余户，新增豆腐皮销售量近50吨，新增土特产品销售量近10吨，新增销售额200多万元。

兰爱珍在为农户提供电商服务的同时，还通过信息社平台、微信、QQ、短信等为广大农户提供互联网商品代购、快递代收代发、农资农具代购、生活缴费等便民服务，使村民真正享受到便捷的现代生活方式。她还利用信息社平台，为本村和周边村民提供豆腐皮加工技术、优质大豆种植技术等培训服务。信息社运行一年多以来，月平均服务群众人数约260余人次，开展技术培训126人次，真正让群众体会到了益农信息社带来的便利，为实现乡村振兴战略提供了有力的支撑！

兰爱珍负责的福建省清流县嵩溪镇罗陂岗村益农信息社秉承"服务三农、资源共享、共同发展"理念，以"便民、利民、富民"为目标，积极开展公益、便民、农产品电子商务和培训体验四大服务，着力推进"信息精准到户、服务方便到家"，已成为农民群众之家，彰显了"互联网＋"益农信息社的效果，形成了信息社和农户双赢格局。2018年，该社被农业农村部授予全国"益农信息社百佳案例"荣誉称号。

三、个人心得

自从担任益农信息社信息员后，我在自己致富的同时，也为村民找到了一条增收之路，为他们提供优质便捷、诚信可靠的便民服务，赢得了村民的好评，群众满意度达到96%以上。下一步，我将充分发挥信息社的服务功能，继续以"便民、利民、富民"为目标，整合更多的信息资源，为村民提供更便捷的服务，使益农信息社成为农民群众之家。

江西省南昌市湾里区梅岭镇立新村竹海庄园益农信息社熊端文信息员的典型事例

一、基本情况

2017年5月，在农业部门的大力引导、支持下，熊端文成为了南昌市湾里区梅岭镇立新村竹海庄园益农社社长。他致力于带动当地村民就业、推广本土优质农副产品外销、提供便民办事服务，通过多种形式推动"互联网＋"进村入户，积极开展公益、便民、农产品电子商务和培训体验四大服务，助力农产品上行，打通"农村最后一公里"。

二、服务情况

立新村益农社成立以来，信息员熊端文始终心系百姓，用实实在在的行动去关爱、帮助困难群众，立新村益农社现在已被打造成了一个集仓储、包装、物流、产品展示、电商办公、便民服务于一体的农村电商基地，实现了便民服务的无缝衔接，除了免费Wi-Fi、免费电话、代购农资生活用品、代售各类农产品等服务之外，还为村民提供代缴手机费、代缴水电费、代购车票、提供市场信息和气象信息等服务。在湾里区农产品（电商）运营中心的协助下，益农社还成立了立新村物流网点，帮助周边村民代发代收快递业务。

围绕打造全区信息服务"第一村"的目标，采取"贫困户—基地—品牌"的模式，实行统一流转土地、统一供苗、统一种植、统一收购，提供专业化技术，充分发挥益农信息社的作用，帮助返乡农民工、留守青年、种养农户实施创业行动，组织开展农业绿色种植养殖、店铺开设、电商运营、增值服务等培训，提升信息社的影响力和凝聚力。益农社成立以来，开展孵化培训10余次，培训40人次，带动周边村民发展高山蔬菜种植、高山土鸡养殖、特色水果培育、笋干加工、民宿旅游等项目。

依托淘宝网、乐村淘、拼多多、农信通、京东等网络平台，开设农产品网店5个，以订单销售方式与贫困农户结成利益联结机制，着力推进农产品网上销售。按照"生产有规程，质量有标准，产品有标志，市场有监测"的要求，建立无公害农产品基地300亩，积极应用农产品质量安全追溯系统和"二维码"技术，以"江西乐村淘"品牌为引领，开展质量溯源，保障农产品质量。一年来，通过益农信息社、乐村淘、淘宝、京东、拼多多等线上平台，利用移动互联网的优势，助推农产品品牌打造、连接城乡，突破农村电商中农产品"上行"的瓶颈。依托湾里区农产品电商运营中心、南昌市农产品电商运营中心、乐村淘市委大楼等互联网生鲜店，打造智慧物流平台，建设生鲜农产品"分级—包装—储存—销售"的立体链条，为农产品"上行"保驾护航，打通"农村最后一公里"。益农信息社建立以来，土鸡、土鸡蛋、野生葛粉、梅岭笋干、高山蔬菜等销售额100余万元，其中帮助30户农户（其中贫困户10户）销售农产品25万余元，农户户均收入2 500元。初步解决了农产品上行最后"一公里"的问题，进一步推动了特色产业发展，加快了农民增收脱贫。

三、个人心得

农村要真正发展起来，必须走农、工、商一体化的道路，要有全产业链思维，即从农产品的种植、养殖，到加工，到销售一条龙的完整产业链。益农信息社是一个很好的平台，在这个平台上可以聚集很多各个行业的精英人士，在这样一个大众创业、万众创新的年代，完全可以做更多的事，创造更多的盈利点。以前维系客户的方式很单一，但在这个互联网的时代就不同了，人与人之间的沟通交流通过一个手机就能解决，农村的很多农特产品都可以通过互联网展现给顾客。

江西省吉安市遂川县洞溪村益农信息社
叶文华信息员的典型事例

一、基本情况

江西省吉安市遂川县洞溪村益农信息社，位于遂川县禾源镇圩镇沿河路，服务点负责人叶文华。他既是一位不畏艰难困苦的自主创业者，又是助推村民脱贫致富的带头人。该社是集农产品代销、网络代购、信息咨询、快递收发、培训交流、产品展示为一体的综合性服务网点，在延伸农业信息服务到农户、致力乡村振兴中，不懈努力，贡献了自己的一份力量。2018年，叶文华的事迹被农业农村部遴选为信息进村入户村级信息员典型案例。

二、服务情况

本益农信息社遵循"政府引导、企业运营、社会参与、服务农民"的基本原则，采取"政府＋运营商＋服务商＋电商平台＋益农信息社"的运营模式，向农民提供公益、便民、电商惠民、信息化育民四项服务，涉及买、卖、推、缴、代、取六大业务，彻底打通了农业信息传送的"最后一公里"。

（一）合作社＋产业链，产业拓展有妙方

以"合作社＋基地＋农户"模式，流转农户土地300余亩，种植生态水稻150余亩，高山生态茶、脐橙、水蜜桃170余亩。2018年新种莲藕50亩，开发高山草甸旅游，组织开办农家乐，2016—2018年，

成功举办遂川县高山大米稻作文化艺术节及遂川首届农民丰收节，产业链得以延伸拓宽，合作社统一经营和销售，盘活了土地资源。

（二）领头雁＋贫困户，抱团增收共致富

土地流转带动贫困户22户，平均年增收600元；务工需求带动农户80余人，其中贫困户20余人，年增收1000余元；合作社分红带动贫困户20户，平均每年增收2000元；生态大米、莲子、茶叶、旅游等产业收益带动社员及贫困户人均增收2000余元。

（三）益农社＋农产品，农网对接促发展

借助益农社优质平台，拓宽了淘宝、微商、阿里巴巴、E邮网等网销平台，让生态大米、茶叶、莲子、豆皮、烟笋等贫困山区农特产品走向了千家万户，年销售20余万元。同时为农户提供工业品网络代购、包裹收发、水电气缴费等服务。

三、个人心得

益农信息社服务点成立以来，我不仅自富自强，更积极带动当地村民共谋发展，利用自有的客户资源、销售渠道和技术优势，对所对接的贫困户在种植、生产、销售、助推贫困户自主脱贫等方面提供大量的无私指导和帮助，方便了群众，密切了干群感情。在接下来的工作中，我将更加精准定位，以更高的目标、更新的措施，拓展致富之策，拓宽脱贫之路，为乡村振兴尽微薄之力。

江西省抚州市东乡区上池村益农信息社
王新年信息员的典型事例

一、基本情况

上池村为进一步探索"互联网＋农村"新模式，积极引导外出务工优秀人才返乡创业，助推脱贫攻坚，推动乡村振兴战略，2016年10月，在江西抚州市东乡区委区政府的大力引导、支持下，王新年成为了江西省东乡县黎圩镇上池村益农社信息员。他致力于带动返乡青年再创业、推广本土优质农副产品外销、提供便民办事服务、培训农村创业致富能手等工作，通过多种形式推动"互联网＋"进村入户。

二、服务情况

上池村益农社成立以来，信息员王新年始终心系百姓，用实实在在的行动去关爱帮助困难群众。他先后组织开展村民群众培训活动7次，邀请全区贫困户及老年人累计480人次参加就业创业培训活动。同时，积极为广大群众提供互联网商品代购、快递代收代发、农资农具代购、生活缴费等便民服务，截至目前，已累计服务群众约1 400余人次。真正让群众体会到了益农信息社带来的便利。

积极探索"互联网＋精准扶贫"模式下的农村电商发展。为解决当前贫困户农副产品销售难的问题，信息员王新年三天两头下村入户，收集相关素材，收集农户自产的农产品，在阿里巴巴注册"半山园干货"店铺并开通"荆公益农信息社"微信公众号，搭建微信商城，线上线下相结合，包装推广本地贫困户家中优质家副产品。2016年，上池源里村2组贫困大学生王亚芳患癌症，住进上海华山医院，由于家境贫寒，无法凑齐几十万的医疗费用。了解到这个情况后，上池村益农社马上收集素材，通过上池荆公益农信息社公众号发表文章《一个少女的紧急求助：我真的好想活着》，不到十天时间，就为王亚芳筹得救命款30多万元，为贫困大学生王亚芳顺利手术赢得了时间。

创新思维，积极探索。带领上池村村民王小珍、吴梦媛、周姗姗等返乡青年用双手实现乡村振兴。在王新年的苦心经营下，益农社始终秉持资源共享、信息共享、平台共享的原则，积极整合农村现有资源，带动返乡青年参与"互联网＋合作社＋农户"形式下的乡村振兴，组织开展了以电商发展、网络营销、产品包装设计、活动策划等为主题的座谈会10多次；先后帮助5名优秀青年实现土地流转并成立农民合作社与家庭农场；推荐4名优秀青年担任村级益农社信息员；与19户达成农产品种植与收购合作协议。通过传帮带，凝聚和巩固了上池村益农社的人才储备，为实现乡村振兴战略提供了有力的支撑！

三、个人心得

上池村益农社成立以来，从年销售额几万元到现在年销售额近500万元，利润近100万元，每年给予帮扶的贫困户每户1 200元，带领种植竹荪的农户中有10多户年销售收入超过20万元，致富成果较好。通过益农社和我的不懈努力，为上池古村带来了新面貌、新气象和新改变。同时，益农信息社的设立也大大地方便了群众，改变了千年古村——王安石故里上池村，打开了村民的视野，拓宽了村民的思路，也增强了干群之间的感情。几年来，从事益农信息社各项工作虽然很辛苦，但各级领导对我高度认可，多次到益农社指导考察运作模式；益农社在村里也深受群众好评，村民已习惯到益农社来咨询问题、缴纳费用、了解政策等。群众满意度由最初的观望、试探、半信半疑到信任，信息社也连续3年获得了各项多种荣誉。

2018年，我获得了"2018中国农村电商致富带头人"的荣誉称号。一路走来，我倍感欣慰。

江西省德兴市绕二镇花林村益农信息社
杨光胜信息员的典型事例

一、基本情况

杨光胜作为德兴市绕二镇花林村益农信息社信息员，是一位从农民中走出来的致富带头人。2017年，在政府的大力引导、支持下，杨光胜成为了江西省德兴市绕二镇花林村益农信息社信息员，在鼓励帮助带动返乡青年再创业、推广当地优质农副产品外销、提供便民办事服务、培训农村创业致富能手等方面做了大量工作，通过多种形式推动"互联网＋农业"进村入户。他一直致力于益农社服务工作，从成立农民合作社到办企业，到开展益农社信息服务，凭着无私奉献、敬业创新的主人翁精神，干一行，爱一行，专一行，精一行，在工作中埋头苦干，用辛勤的汗水为家乡建设坚持奉献。

二、服务情况

德兴市绕二镇花林村益农信息社成立以来，始终心系百姓，用实际行动去关爱帮助困难群众。先后组织开展公益活动5次，通过资助孤寡老人、困难家庭等行动吸引42名各界人士长期加入"爱心活动"。益农社通过互联网远程服务积极为广大群众提供互联网商品交易、快递代收代发、农资农具代购、生活缴费等便民服务。截至目前，已累计服务群众约2 300余人次。真正让群众体会到了益农信息社带来的便利。

杨光胜是德兴市食用菌产业致富能手，他在绕二镇新开辟灵芝种植、生产、加工、销售、科研一体的产业链，根据自己20多年种植食用菌的经验和独有技术，组织实施食用菌脱贫致富基地工程，帮助残疾人、贫困户脱贫致富，累计帮扶655人次加入产业扶贫建设。为了更好地带动当地农民致富，拉动当地经济，杨光胜利用益农社平台优势，带动当地闲散劳动力把农村荒山、荒地利用起来种植食用菌，拉动当地经济发展，增加当地农民在家门口就业的机会，并积极探索"互联网＋精准扶贫"模式下的农村电商发展。为解决当前贫困户农副产品销售难的问题，他指导农民注册微信公众号、提供电商咨询服务。目前绕二镇的灵芝、木耳、香菇系列产品成为德兴市大健康主导产业，产品远销全国20多个省市，2017年销售总额达2 190万元。

为了进一步帮助贫困户，杨光胜还积极对接龙头企业进行帮扶，深入贫困户家中开展多种形式的主题活动共计6次；通过线上线下相结合的方式为69户在册贫困户销售食用菌、家禽、粮食、水果等农副产品，销售额约73万元，贫困户人均纯收入增长约1 500元。

益农社秉承资源共享、信息共享、平台共享的原则，正带领更多返乡青年用双手实现乡村振兴战略梦，组织开展了以网络营销、产品推广、活动策划等主题的培训210人次，推荐优秀青年担任村级益农社信息员，与26人达成信息收集合作协议，凝聚人才储备，为实现家乡振兴战略提供了有力的支撑。杨光胜近年来在创新致富方面取得了明显的工作业绩，2017年，科技部政策法规与监督司、全国科技活动周组委会办公室表彰杨光胜同志在全国科技活动周"万名科学使者进社区（农村、企业、军营）活动中，热情服务，尽职尽责、贡献突出"。

三、个人心得

我深知作为信息员的社会责任，家乡目前还是贫困村，通过益农社为家乡父老多做些事、服务家乡百姓，让家乡早日脱贫致富是我多年的心愿。虽然在工作中我也遇到了资金少和成效慢等种种困难，但益农社已经慢慢融入到农村经济日常中，在方便了群众的同时，也增强了干群感情。近几年各项工作虽然很辛苦，但得到了各级领导的高度认可，深受群众好评，群众满意度也非常高。今后我将继续推进信息服务进村入户工作，畅通农村信息渠道，用新技术武装农业，让农村家家户户都搭上信息化快车。在各级政府和相关部门引导下，益农社一定会继续利用现有优势带动农民打造旅游观光基地、农家乐、民宿等新型农村旅游产品、探索互联网现代销售模式，带动农民多元化创收致富，带动农村经济发展。

江西省上饶市横峰县莲荷乡九甲村益农信息社杨月信息员的典型事例

一、基本情况

杨月负责的江西省上饶市横峰县莲荷乡九甲村益农信息社成立于2017年8月。该社成立以来，秉承"服务'三农'、资源共享、共同发展"理念，以"助农产品出山、让爱回家"为使命目标，积极开展公益、便民、农产品电子商务服务，着力推进上级部门提出的"进一家门，办百样事"的建设方针，已成为当地农民群众最信赖的平台，彰显了"互联网＋"益农信息社的效果，形成了信息社和农户双赢格局。

二、服务情况

（一）信息服务功能齐全

益农信息社设施设备齐全，服务功能比较完善，拥有公益便民服务室20米²、农产品电商展示展销室100米²、培训体验室100米²、办公室50米²，电脑12台、投影仪1台、信息服务一体机1台、存取款设备2套、咨询服务电话2部，开设电商平台2个，网络信息服务人员5人，建农产品仓库800米²。

（二）公益服务效果显著

建立了信息服务台账和农产品信息数据库，对接贫困农户141户，点对点开展服务指导。一年来，围绕本县特色产业发展、精准扶贫和农民增收，聘请县、镇农技专家开展培训服务13场次，发布法律法规、惠民政策、农产品市场、种植养殖技术等信息650余条，帮助农户解决技术难题12项，本村农信服务覆盖率达到60%，受益农户户均增收500元以上，受到当地群众高度称赞。

（三）便民服务开展良好

以益农信息社为骨干，整合物流、商务、农商行、村委会等单位资源，充分发挥主渠道引领作用，共同推进便民服务。一年来，为当地村民提供代缴代存、代购代买、代收代发，小额取现等增值服务700余笔，代办代购交易额90余万元。方便了群众，增加了他们收入。

（四）电子商务成效明显

依托淘宝网企业店铺1个，自建微信小程序3个，围绕"葛小叔"零食、"我家土特产"农特产品、"蔬房斋"有机大米等商品销售基础，以订单销售方式与贫困农户结成利益联结机制，从农户处收购初级农产品加工销售。建立有机水稻基地200亩，积极应用省农产品质量安全追溯系统和二维码技术，开展质量溯源，保障网货质量。一年来，益农信息社实现网上直销农产品5类20余个产品，销售额100余万元，其中"葛小叔"系列休闲零食月线上月均销售额4万元，线下销售20万元。帮助100余户贫困户增收2000元。初步解决了农产品上行"最后一公里"的问题，进一步推动了特色产业发展，加快了农民脱贫增收。

三、个人心得

助农产品出山、让爱回家，是我加入益农信息社以来的服务核心。益农社的设立方便了群众，让乡亲能够进一家门办百样事。一年以来，我一直从事益农信息社各项工作，积极配合运营中心工作。工作虽然很辛苦，但各级领导对我高度认可，群众满意度也非常高，在帮助他人的同时，也成就了自我。我将在今后的工作中更加努力与细致地为乡亲们服务，把益农社做得更好，让农村里不再有留守，不再担心孤寡无人照顾。

山东省青岛市西海岸新区琅琊镇城东村本味公社益农信息社崔坤鹏信息员的典型事例

一、基本情况

为进一步探索"互联网＋农村"新模式，积极回引外出务工优秀人才，助推脱贫攻坚，推动乡村振兴战略。2015年6月，在政府的大力引导、支持下，崔坤鹏成为山东省青岛市西海岸新区琅琊镇城东村本味公社益农社信息员。他致力于带动返乡青年再创业、推广本土优质农副产品外销、提供便民办事服务等工作，通过多形式推动"互联网＋"进村入户。

崔坤鹏负责的山东省青岛市西海岸新区琅琊镇城东村本味公社益农信息社成立于2015年9月。该社成立以来，秉承"服务三农、资源共享、共同发展"理念，以"便民、利民、富民"为目标，着力推进"信息精准到户、服务方便到家"，已成为农民群众获取农业信息的重要来源，彰显了"互联网＋"益农信息社的效果，形成了信息社和农户双赢格局。2018年，该社被农业农村部授予全国"益农信息社百佳案例"荣誉称号。

二、服务情况

琅琊镇本味公社益农信息社成立以来，信息员崔坤鹏定期对农户进行的电商知识培训，并组织社员实地考察"绿色"农业的成功案例，帮助农户运用"互联网＋"信息了解市场对农产品的需求，提高了农户对"互联网＋农业"发展模式的了解和关注程度，引导农户种植和生产"绿色"无添加的安全农产品，通过"益农信息社"的电子商务平台销售农产品，打造"智慧"农业发展的完整产业链。

开设"电商学堂"，主动免费给村民讲授电子商务知识，一年定期举办6次针对农民群众的电商综合培训，让农民群众了解"互联网"给农业发展带来的"新机遇"，让农民意识到"互联网＋农业"的新时代已经到来，将"互联网＋农业"发展理念运用到农业活动和品牌建设中来；挖掘琅琊鸡、琅琊竹艺、琅琊粉条、玉筋鱼、琅琊豆腐等琅琊传统农特产品牌13个，引导农户"绿色"生产，实现全程可追溯农业管理新模式，提高农产品质量；实行"益农社＋合作社＋农户＋老手艺"的运行模式，引导和带动农户转变经营思路，畅通产品销售渠道，增加农民收入。

为农户提供包装设计、印刷和物流"一站式"服务，通过益农信息社服务电商平台，农户坐在家里就能收到各地买家的信息。村农刘海洋说："往年种的土豆直接卖给批发商，辛苦大半年，收益微乎其微。有时他们不来，土豆就只能烂在地里，现在有了本味公社益农信息社这样的电商销售平台，只要我们的农产品合格，再也不愁卖啦！着实为我们农户解决了大问题！"去年以来，本味公社益农信息社带领村民实现网上销售额360多万元。

（一）信息服务功能齐全

益农信息社设施设备齐全，服务功能比较完善，拥有公益便民服务室50米^2、农产品电商展示展销室50米^2、培训体验室60米^2、办公室20米^2、电脑2台、信息服务一体机1台、存取款设备1套、咨询服务电话1部、开设信息电商平台2个，配备信息服务人员4人，建有冷冻（藏）库60米^2。为保障公益、便民、农产品电子商务和培训体验四大服务落地服务打下了坚实基础。

（二）公益服务效果显著

依托本味公社平台，设立益农信息社电商学堂，传授智慧农业新技能。通过镇政府对发展益农信息社的支持，本味公社的信息员崔坤鹏开设电商学堂，主动免费给村民讲授点电子商务知识，一年定期举办6次针对农民群众的电商综合培训，让农民群众了解到电商给农业发展带来的新机遇，让农民意识到"互联网＋农业"的智慧农业时代已经到来。

（三）便民服务开展良好

整合商务、供销、邮政、农行、村委会等单位资源，充分发挥主渠道引领作用，共同推进便民服务。两年来，为当地村民提供代缴代存、代购代买、代收代发，小额取现等增值服务1 200余笔，代办代购交易额160余万元。方便了群众，增加了收入。本味公社社员崔坤鹏带领社员，为农户提供"一站式"服务。

（四）电子商务成效明显

依托淘宝网、天猫、邮乐网、拼多多和市内网络平台，开设农产品网店5个，以订单销售方式与农户结成利益联结机制，着力推进农产品网上销售。按照"生产有规程，质量有标准，产品有标志，市场有监测"的要求，建立无公害产品基地500亩，应用市农产品质量安全追溯系统和二维码技术，开展质量溯源，保障网货质量。一年来，益农信息社实现网上直销农产品12类20余个产品，销售额1120余万元，初步解决了农产品"最后一公里"的问题。

（五）孵化示范起色较大

益农信息社与品牌建设相结合。积极将"互联网＋农业"发展理念运用到农户的农业活动和品牌中，挖掘琅琊鸡、琅琊竹艺、琅琊粉条、玉筋鱼、琅琊豆腐等琅琊传统农特产品牌13个，引导农户"绿色"种植生产，引导和带动贫困户转变经营思路，增加农民收入。围绕本镇特色产业发展，聘请区、镇农技专家开展培训服务6场次，发布法律法规、惠民政策、农产品市场、种植养殖技术等信息60余条，帮助农户解决技术难题12项，本村农信服务覆盖率达到60%，当地群众高度称赞，满意率90%以上。

三、个人心得

益农信息社的设立方便了群众，提高了益农信息社的声誉。几年来，虽然工作辛苦，但各级领导和群众对我高度认可，我为自己的工作感到自豪。虽然农村的电商发展存在诸多的不利因素，例如电商人才匮乏、老百姓的电商运营水平有待提高、农产品的标准化生产模式有待进一步的深化推广等，但我会带领社员一起努力，克服困难，努力取得更好的成绩！

山东省泰安市肥城市王庄镇东孔村益农信息社
邓敏信息员的典型事例

一、基本情况

山东云农公社电子商务有限公司根据农业农村部关于"信息进村入户工程"的政策性文件要求，2017年开始在山东省泰安市进行试点建设。其中，肥城市王庄镇东孔村作为首批建成并进入正常运营的益农信息社，一直是泰安市模范试点信息社。本村邓敏同志自担任益农信息社信息员以来，尽己所能为村民生产生活提供公益服务、便民服务、电子商务服务和培训体验服务，帮助村民产业发展、增收脱贫，受到广大村民的欢迎和一致好评。

二、服务情况

自益农信息社成立以来，邓敏同志积极组织村民参加涉农保险、通讯、劳务、农资、保健、义诊、银行储蓄等业务服务培训30余次，已累计服务群众约4 300余人次，为村民实实在在地解决了生产生活中的各种问题。

肥城市东孔村的特产东孔粉皮是有着300年传承之久的特色农副产品，但销售渠道窄、销售价格低等问题一直困扰着本村农户。邓敏同志积极通过益农信息社平台联系销路，拓宽渠道，通过自己的努力和平台的帮助，现已累计销售上万斤东孔纯绿豆粉皮，销售额累计达30余万元，为东孔村村民拓宽了销售渠道，让村民实实在在地增加了收入。

针对化肥等农资价格偏高的问题，邓敏积极通过益农信息社平台联系优质农资生产厂家金正大、史丹利等，为农户选购适合当地农作物的优质肥料，提高农户产量，减少中间代理商加价环节，以每袋化肥低于市场价10元的价格送到农户手中。其中，仅玉米肥一项，一季就帮东孔村村民节约了1万多元。

为了增加村民收入，邓敏了解到位于肥城的云农庄园有上千亩钙果基地，钙果作为一种高端杂果，拥有极高的经济价值。他积极帮助村民介绍引进钙果产品，并协助云农庄园对农民开展新品种的生产培训，提供种植技术指导，帮助农户增加了收入来源。

对广大群众提出的生活缴费困难问题，邓敏同志通过益农信息社平台帮助农户办理话费、电费等便民业务每月达300余项；为婴儿提供优质纸尿裤及生活洗涤用品，累计服务次数已超500余人次；通过益农信息社，邀请肥城市各大医院专家进村讲解健康知识并免费开展义诊活动，为本村数十位老人减轻了身体上的痛苦。另外，邓敏同志积极配合镇扶贫办领导入户走访，全心全意了解贫困户的生活状况及精神状态，为党支部落实开展贫困户的各项方针政策做了积极工作。

三、个人心得

自从事村级信息员以来，我感到自己的工作非常有意义，能借助益农信息社这个平台和我自身的努力去帮助村民，帮助我的村庄，我收获了喜悦和成就感。以后我一定会更加努力，积极学习，兢兢业业，从小事做起，避免假、大、空，使本村的益农信息社能够真正运营起来，真真正正为村民的生产及生活带来便利和实惠。为了村民更幸福、为了村庄更美好，我愿意贡献自己的全部力量。

山东省临沂市兰陵县兰陵镇孙楼村益农信息社
薛高峰信息员的典型事例

一、基本情况

为进一步探索"互联网＋农村"新模式，积极回引外出务工优秀人才，助推脱贫攻坚，推动乡村振兴战略。2017年5月，在政府的大力引导、支持下，薛高峰成为山东省兰陵县兰陵镇孙楼村益农社信息员。他致力于带动返乡青年再创业、推广本土优质农副产品外销、提供便民办事服务、培训农村创业致富能手等工作，通过多种形式推动"互联网＋"进村入户。

薛高峰负责的山东省兰陵县兰陵镇孙楼村益农信息社成立于2016年3月。该社成立以来，秉承"服务'三农'、资源共享、共同发展"理念，以"便民、利民、富民"为目标，积极开展公益、便民、农产品电子商务和培训体验四大服务，着力推进"信息精准到户、服务方便到家"，已成为农民群众之家，彰显了"互联网＋"益农信息社的效果，形成了信息社和农户双赢格局。2017年，该社发展情况被农业部授予全国"益农信息社百佳案例"荣誉称号。

二、服务情况

孙楼益农社成立以来，信息员薛高峰始终心系百姓，用实实在在的行动去关爱帮助困难群众。

（一）信息服务功能齐全

益农信息社设施设备齐全，服务功能比较完善，拥有公益便民服务室20米²、农产品电商展示展销室100米²、培训体验室100米²、办公室50米²、电脑12台、投影仪1台、智能终端一体机3台、存取款设备2套、咨询服务电话2部、开设信息电商平台5个，信息服务人员8人（其中农技服务专家3人），建农产品仓库800米²、冷冻（藏）库160米³。为保障公益、便民、农产品电子商务和培训体验四大服务落地打下了坚实基础。

（二）公益服务效果显著

孙楼益农信息社围绕公益性服务、便民服务、电商服务、培训体验服务等四项服务，创新服务模式和运营机制，打造为农信息服务"万能超市"，增强信息社"自我造血"功能和可持续运营能力，坚持线下线上结合，整合农业公益性服务资源，将村综合信息服务平台、测土配方施肥系统、农技宝等多个平台系统"一网并入"，构建了移动APP、智能终端机、PC三网合一的立体运营模式，拓展了服务范围，放大了服务效能。

（三）便民服务开展良好

益农信息社一年来，开展各种培训11场次，主要内容有技术指导、健康讲座、科学创业等知识，提高职业农民知识结构及能力水平；并在网上代购种子1万余斤、化肥40余吨，同时帮助周边村民代缴电费、话费等3万余元。信息社自成立以来，相继帮助村民在电商服务平台上销售当地农产品、土特产等大约200吨。在益农信息社的带动下，孙楼村农户2017年新增收入80余万元，带动脱贫1户，有效带动了当地农户脱贫致富、创业增收。

（四）电子商务成效明显

依托淘宝网、邮乐网、拼多多和市内互联网平台，开设农产品网店5个，以订单销售方式与贫困农户结成利益联结机制，着力推进农产品网上销售。按照"生产有规程,质量有标准,产品有标志,市场有监测"的要求,建立无公害农产品基地800亩,积极应用市农产品质量安全追溯系统和二维码技术,一年来,益农信息社实现网上直销农产品12类80余个产品,销售额120余万元,其中帮助112户农户(其中贫困户25户)销售农产品25万余元,农户户均收入2 200元。初步解决了农产品上行"最后一公里"的问题,进一步推动了特色产业发展,加快了农民增收脱贫。

(五)孵化示范起色较大

围绕打造全县信息服务"第一村"的目标,按照传、帮、带的"保姆式",帮助返乡农民工、留守青年、种养农户实施创业行动,组织开展农业绿色种植养殖、店铺开设、电商运营、增值服务等培训,提升信息社的影响力和凝聚力。成立以来,开展孵化培训30余次,培训600人次,接待县内外前来学习参观的人员300余人次,扶持创业农民和大学生12人,孵化村级益农信息社和农村电商12家。

三、个人心得

益农信息社的设立方便了群众,也增强了干群感情。几年来,我一直从事益农信息社各项工作,虽然很辛苦,但各级领导对我高度认可,深受群众好评,群众满意度也非常高,我深感欣慰。

山东省滨州市阳信县翟王镇贾家村聚隆益农信息社贾兆洪信息员的典型事例

一、基本情况

为进一步响应国家政策和乡村振兴战略，探索"互联网＋农村"新模式，积极回引外出务工优秀人才，助推农村脱贫攻坚，推动乡村振兴战略顺利实施。2017年5月，在当地政府的大力引导和支持下，贾兆洪成为山东省滨州市阳信县翟王镇贾家村聚隆益农社信息员。他致力于带动返乡青年再创业、推广本土优质农副产品外销、提供便民办事服务、培训农村创业致富能手等工作，通过多形式推动"互联网＋"进村入户。

二、服务情况

山东省阳信县翟王镇贾家村聚隆益农社成立以来，信息员贾兆洪始终心系百姓，用实实在在的行动去关爱帮助困难群众。他先后多次组织开展公益活动，邀请贫困户及老年人参加医疗义诊活动；同时，积极为广大群众提供互联网商品代购、快递代收代发、农资农具代购、生活缴费等便民服务，已累计服务群众约1 000余人次，真正让群众体会到了益农信息社带来的便利。

2013年12月，注册成立了阳信聚隆粮食种植专业合作社和阳信聚隆农机专业合作社后，贾兆洪担任了聚隆益农信息服务社信息员，先后在贾家村、翟王村、韩桥村和西朱村共流转土地750余亩，用来种植小麦、玉米，并给合作社社员及周边群众提供种植技术服务和肥料、种子市场行情，并及时协调农机设备进行耕作服务，服务合作社以外人员700人次。他还在翟王镇租下场地建了百万粮仓，安装上了地磅，以高出市场价格二分以上的价格大量回收所在村及周边村的小麦、玉米，使老百姓真正得到了实惠，也提高了益农信息服务社的威信及知名度。该社先后被评为"县级示范社""市级示范社""省级示范社"，并成立了"阳信聚隆粮食种植专业合作社党支部"，把优秀的人员发展为积极分子，纳入党员队伍，发挥更大的作用，为更多的老百姓服务。

聚隆合作社的福中禄生态园成立于2017年6月，是在益农信息服务社的带领支持下，投资1 000万元打造的以设施农业、观光农业、生态循环农业为先导，以无公害果蔬、绿色食品为纽带，以市场牵龙头、龙头带基地、基地连农户的可持续发展的农业产业龙头企业。

聚隆合作社的福中禄生态园一直保持着持续发展的状态，为了获得并提高市场竞争力，公司逐渐通过益农信息服务社及APP平台掌握学习了先进农业种植技术，从种植业发展成为苗业、加工业、观光业等多方位经营的现代都市农业引领者。公司不断创新农业经营理念，坚持奉行"绿色共享，福中禄情深"的理念，以为广大消费者提供"安全，安心，健康，美味"的食品为己任，通过整合现有的产业优势和独特的资源条件，不断拓展市场空间，用在益农信息服务社学到的新理念、新技术、新模式，推进和引领周边地区现代农业生产的迅速发展。

聚隆合作社的福中禄生态园是翟王镇规模最大的农业观光项目，是集农业现代化、观光体验、旅游商贸、特色餐饮于一体的农业产业观光园，规划占地约950亩，其中核心区200亩。目前开始运营的是观光园起步区，共占地200亩，主要包括2 200米^{2}阳光大棚5个，种植草莓、水果黄瓜、富硒黄瓜、圣女水果番茄等供休闲采摘的绿色生态农产品。

三、个人心得

通过在益农信息服务社平台学习，福中禄生态园已经被列为省级乡村旅游基地。我作为益农信息服务社信息员，感觉肩上的担子一下子重了，所以我一直在不断参加培训学习，先后以信息员身份去威海参加新型职业农民培训，任班长。以"优秀学员"身份被山东广播电视台"锵锵新农民"节目组和"齐鲁创业"节目组邀请接受采访，还多次接待市农广校组织的农业创业培训班学员来聚隆益农信息服务社参观学习，并被评为滨州市"乡村好青年"，被推荐为"山东省旅游创业之星"。

聚隆益农信息服务社的设立方便了群众，也增强了干群感情。近年来，我一直从事益农信息社各项工作，虽然很辛苦，但各级领导对我高度认可，深受群众好评，群众满意度也非常高。作为80后青年农业创业者，我有信心和决心带领老百姓攻坚克难，共同致富。

河南省鹤壁市淇滨区钜桥镇岗坡村
益农信息社蒋冬芹信息员的典型事例

一、基本情况

2016年，河南省鹤壁市淇滨区钜桥镇岗坡村依托河南省信息进村入户试点工程，在饮马泉合作社建设了益农社，蒋冬芹成为了益农社信息员。她致力于带动村民再创业、推广"互联网＋"订单红薯产品外销、提供便民办事服务、培训农村创业致富能手等工作，推动"互联网＋"进村入户。

二、服务情况

岗坡村益农社成立以来，信息员蒋冬芹始终心系百姓，用实实在在的行动去关爱帮助困难群众，积极为广大群众提供涉农政策、互联网商品代购、快递代收代发、农资农具代购、生活缴费等便民服务，截至目前，已累计服务群众约3 400余人次。真正让群众体会到了益农信息社带来的便利。

为了更好地服务农业的产前、产中、产后，完善红薯的全产业链，为合作社社员提供增值服务，在益农社和"12316"专家的指导下，饮马泉薯业建立了脱毒苗组培中心、3个育苗基地、160个标准化育苗大棚、1 000亩繁种基地、500亩商品薯基地、3个大型保鲜储存库，合作社社员红薯种植面积达2万余亩。

借助益农社平台，饮马泉薯业合作社积极探索"互联网＋精准扶贫"模式下的农村电商发展，成立了早晨电商和益农社两个线上销售平台；自营8家"地瓜公主"品牌连锁烤薯店，签约了20家线下商超。"饮马泉"品牌在社会上赢得了良好的口碑，并得到了CCTV2《生财有道》栏目专题访谈。一年来，益农信息社实现网上直销农产品3类10余个产品，销售额120余万元；先后组织开展扶贫创业培训10次，邀请贫困户累计1104人，其中帮助112户农户（其中贫困户25户）销售农产品25万余元，农户户均收入2200元，初步解决了农产品上行"一公里"的问题，进一步推动了特色产业发展，加快了农民增收脱贫；开展孵化培训12余次，培训400人次，接待外前来学习参观的人员1250余人次，扶持创业农民和大学生12人，孵化村级益农信息社和农村电商14家。通过帮助返乡农民工、留守青年、种养农户实施创业行动，信息社组织开展"互联网＋"订单红薯、店铺开设、电商运营、增值服务等培训，提升了信息社的影响力和凝聚力，方便了群众生产生活，带动了周边农民脱贫致富，促进了合作社的发展。

蒋冬芹信息员因其突出表现，先后被农业部评为全国种粮大户标兵被河南省政府评为种粮大户标兵、河南粮食高产青年种粮大户、河南省农村青年创业致富带头人、鹤壁市十大种粮女状元等称号。

三、个人心得

做好自己不算好，帮助更多的人才是我的梦想。近年来，益农社平台为我们合作社的产业发展提供了新的机遇，使合作社扩大了种植规模，提高了品牌影响力，促进了合作社的健康稳定发展；同时，这个平台还为更多的群众提供了培训、电商等便民服务，帮助更多的人减负脱贫，并带动更多的人共同致富，在精准扶贫工作中做出了自己应有的贡献。因此我认为，创建益农社是一件利民又利己的好事，是一件实实在在的便民惠民工程。下一步，我将更加努力地做好益农社工作，不断提升自己，利用当前益农社平台和产业优势，更好地为乡村振兴工作贡献自己的一份力量。

河南省濮阳市范县前玉皇庙村益农信息社钟丽信息员的典型事例

一、基本情况

为进一步探索"互联网＋农业"新模式，积极回引外出务工优秀人才，助推脱贫攻坚，推动乡村振兴战略。2017年，在政府的大力引导、支持下，钟丽成为河南省濮阳市范县前玉皇庙村益农信息社信息员。她致力于带动返乡青年再创业、推广本土优质农副产品外销、提供便民办事服务、培训农村创业致富能手等工作，通过多形式推动"互联网＋"进村入户。

二、服务情况

河南省佑林实业有限公司益农社成立以来，信息员钟丽始终心系百姓，用实实在在的行动去关爱帮助困难群众，吸纳贫困人员到园区务工就业，帮助80户贫困户脱贫致富，积极为广大群众提供互联网商品代购、农资农具代购、生活缴费、农产品种植技术咨询等便民服务，截至目前，已累计服务群众约2 800余人次。真正让群众体会到了益农信息社带来的便利。

积极探索"互联网＋精准扶贫"模式下的农村电商发展。为解决当前贫困户农副产品销售难的问题，钟丽通过各种方式，亲自考察市场，拓宽销售渠道。通过县商务局组织的线上销售培训班，她积极收集相关资料，努力发挥公众号"佑林葡萄小镇"的作用，率先注册淘宝企业店铺、微信商城、范县微商城等线上渠道，通过线上线下相结合，包装推广本地农户家中优质农副产品，鼓励他们发展自己的产业。

为了提高农户们的思想意识和实操技能，她还积极筹备淘宝运营培训班、市场行情分析交流会等培训会，2018年累计培训农户10期，受益人员达2 800人，既增强了企业的社会责任感，又带动了贫困户增收致富。益农社成立以来，通过各种渠道（示范带动、吸纳就业等）帮助90余户贫困户增加收入。平均年收入达3 000元。

创新思维，积极探索，带领更多返乡青年用双手实现乡村振兴战略梦。在钟丽的苦心经营下，益农社始终秉资源共享、信息共享、平台共享的原则，积极邀请返乡青年参与"互联网＋农业"形式下的乡村振兴发展，先后吸纳5名大学生回乡创业。通过她的不懈努力，河南省佑林实业有限公司益农社凝聚和巩固了人才储备，为实现乡村振兴战略提供了有力的支撑！

三、个人心得

益农信息社的设立方便了群众，也增强了干群感情。一年多来，我一直从事益农信息社各项工作，虽然很辛苦，但各级领导对我高度认可，深受群众好评，群众满意度也非常高。自从回乡创业以来，我也获得多项荣誉，包括2015年全县农村科普工作先进个人、2015年农村致富女标兵、2015年"三八"红旗手、2016年先进个人、2016年全市农村科普工作先进个人、2017年先进个人、2017年濮阳市农民工返乡创业之星、2018年濮阳市"三八"红旗手、范县工商联副主席、范县政协常委、第八届市人大代表、2018年全国百名杰出新型职业农民之一等。

在今后的道路上，我一定更加努力地为广大人民群众提供力所能及的服务，为建设新农村、为全县的脱贫致富再添一把火。

河南省南阳市镇平县高丘镇黑虎庙村益农信息社 张磊信息员的典型事例

一、基本情况

大学本科毕业、曾在南方一家世界500强企业工作过的张磊同志，响应地方政府号召回乡创业。该同志负责的河南省南阳市镇平县高丘镇黑虎庙村益农信息社，主动为乡亲们提供交话费、电费、网上代购、收递收发、电商培训等便民服务，带领大家利用益农信息平台、结合线下传统销售模式把自己的优质山货销售出去，让乡亲们享受到了实实在在的便捷，获得了看得见摸得着的收益，助本村实现脱贫致富迈出坚实的一步。

二、服务情况

黑虎庙村位于高丘镇北部，地处深山区，是一个深度贫困村。信息进村入户工程实施以来，为使益农信息社早建成、早运营、早发挥作用，张磊主要做了以下三项工作：

一是积极宣传，扩大影响。充分利用自家商店和电子商务点、邮政代办点三结合的有利条件，积极向村民宣传益农信息社四大服务和六大业务功能。张磊针对村里老人和小孩占70%以上这一情况，一方面抓住春节、暑假等节假日时间，对回乡的学生、农民工等年轻群体宣传讲解益农信息社能够带给大家的便利和好处。另一方面利用自有小卖部、电子商务点等有利条件，在人们购物时逐个宣传，增强村民对益农信息社的了解，提高益农信息社的使用率。截至目前，已累计为6 800余人次进行了讲解服务。

二是注重学习，提高本领。他十分注重益农和电商方面的知识学习，不但利用空闲时间自学，而且每次都积极主动地参加农业局、农信通公司以及电商企业组织的培训，不断提升自己的业务素质和能力。同时，他还要求妻子也学习有关益农信息社和电商方面的知识，确保能够独立完成相关操作，及时为村民提供电子商务服务。目前镇平县农产品上行是个薄弱环节，对此，该同志利用自己所学的知识技能，把黑虎庙村的食用菌、黄精、血参、灵芝干货、野菊花干货等山区特色农产品推销出去，累计销售农产品120多万元。

三是热情服务，方便村民。村民有种养和农业政策等方面的疑问时，他主动帮助他们利用"12316"免费电话进行咨询，解决问题。他经常帮助老年人、行动不便者和贫困户，通过益农信息平台办理话费充值、电费代缴等业务，极大地方便了本村村民。贫困户阿香通过益农信息社缴话费后，高兴地说："有了益农信息社以后就方便多了，买东西、交话费和电费就不用跑几十里到镇上去了。"

贫困户周广印说："张磊啊，我以后缴话费就在你这交了，我不会骑摩托，去缴话费还要别人带，去了还得在那儿吃碗烩面，算算划不来，有你这个服务点真是方便呀！"在不到一年的时间里，张磊已开展话费充值和电费代缴业务749笔，26 512元，交易额位居南阳市前三，全县第一。

三、个人心得

益农信息社的建立既方便了群众，也增强了大家之间的感情。每当我从几十里外的高丘镇上替村民们取回快递的途中，大家看到我都让我进屋喝口热茶歇歇脚，让我推荐给他们想要的东西。大家都在纷纷地感叹：国家发展得好，多亏了有了益农信息社，现在买东西才那么方便。从事益农信息社各项工作，虽然很辛苦，但各级领导对我高度认可，深受群众好评，我觉得非常充实和自豪。

河南省商丘市夏邑县徐马庄村
益农信息社王飞信息员的典型事例

一、基本情况

王飞负责的河南省夏邑县徐马庄村益农信息社成立于2017年8月。该社是经夏邑县王飞家庭农场申报，作为农业部信息进村入户工程的首批投入运营的专业站点。

该社成立以来，注册了夏邑县王飞家庭农场益农信息社专业网站，设计了自己的网页、体验店等，将农场的产品、商标、包装、荣誉等图片，全部上传至网页，进一步拓宽了农场宣传空间，提升了农场的形象和影响力。该益农信息社专业站配备了物联网系统，制作了统一标识、统一门牌，制定了统一运营制度，开设了产品展示区，还专门聘请了一名对电脑熟练的人员具体负责益农信息社平台操作，全程上传展示无公害产品生产过程，每天浏览网页产品订单信息、技术咨询信息、苗木订购信息等。同时，信息社还利用周边群众在农场务工、县内外人员参观学习的机会，专门为他们讲解、展示益农信息社平台，宣传益农信息社便民、公益、电商服务的职能作用和给农场带来的效益，真正让益农信息社融入千家万户的生活，让广大村民体会到买、卖、推、缴、代、取的便利服务。

二、服务情况

依托该益农信息社平台和河南省新型职业农民实验实训基地，建立了"农民田间学校",农民田间学校有多功能多媒体教室100米²、桌椅35套,教学设备有电脑8台、投影仪2台、音响设备一应俱全,教室内连有网络无线网全覆盖。按照"治贫先治愚,扶贫先扶志"的主导思想,信息社用实际行动助推扶贫攻坚,引导周边群众创业致富,对全村及周边乡村的群众尤其是贫困户,免费进行现场培训指导;对有技术无资金的贫困户,帮助协调贷款;对没项目的,免费提供项目、技术及销售;对没能力创业又不想承担风险的贫困户,就招到农场做工,定期领工资脱贫致富,现在农村固定用工18人,全部为贫困户,农忙时吸纳贫困户50余人参与生产;带动周边农户种植晚秋黄梨、杏,桃等达500余亩;先后举办培训班30余期,3 000余人次参与培训;带动省内外发展高效农业80余家,涉及数万亩无公害果蔬生产基地;接待省内外来农场益农社参观人员每年达3万余人次,深受广大群众的好评。

自该益农信息社专业站建成运营以来,网站上展示的各类果品(如晚秋黄梨、晚黄金桃)深受网民的青睐。就目前这样的形势,农产品利用益农信息社网上销售,可以说前景广阔。同时,网上接受苗木订单30余单,销售果苗18万株,销售产值100万元以上;帮助群众代买农资、代办物流配送业务达10万余元。通过益农信息社的功能、业务服务宣传展示,农民群众充分认识了益农信息社,了解了益农信息社,也享受到了益农信息社带来的便利和收益。

三、个人心得

益农信息社的设立方便了群众,也增进了干群感情。几年来,我一直从事益农信息社各项工作,虽然很辛苦,但各级领导对我高度认可,深受群众好评,群众满意度也非常高,我还连续多年获得了各项荣誉。

河南省驻马店市汝南县罗店镇邢桥村
益农信息社焦小金信息员的典型事例

一、基本情况

为进一步探索"互联网＋农村"新模式，积极回引外出务工优秀人才，助推脱贫攻坚，推动乡村振兴战略。2017年12月，在政府的大力引导、支持下，焦小金成为了河南省驻马店市汝南县罗店镇邢桥村益农社信息员，通过多形式推动"互联网＋"进村入户。

二、服务情况

邢桥村益农社成立以来，信息员焦小金始终心系百姓，用实实在在的行动去关爱帮助困难群众。

2018年6月，在当地政府的支持下，邢桥村益农信息社正式启动，焦小金不断积极探索"互联网＋精准扶贫"模式下的农村电商发展，为解决当前贫困户农副产品销售难的问题，通过线上线下相结合，实际解决农户产销难问题。

她以益农信息社为骨干，整合党建、商务、供销、邮政、农行、村委会等单位资源，充分发挥主渠道引领作用，共同推进便民服务，为当地村民提供代缴代存、代购代买、代收代发、小额取现等增值服务千余笔，销售额达8余万元，方便了群众，增加了收入。

麦播季节，当地村民来到益农信息社，反映说现在市场上肥料、种子品牌多，种类多，有很多不合格产品也出现了市场上，询问益农信息社能否帮忙解决。焦小金立刻和县级运营商联系，通过益农渠道，联系正规厂家，给当地村民提供合格大厂、确保质量、价格优惠的种子、肥料，解决了当地农资选购难的问题。

焦小金还在邢桥村村委任计生委员，是一名共产党员。她多次因在扶贫工作中表现突出，被评选为优秀村委干部、先进党员。她以此为动力，不断学习探索，提高自身业务能力，更好地为当地的村民服务，推动"互联网+"进村入户。

三、个人心得

益农信息社的设立方便了群众，也增进了干群感情。从事益农信息社工作后，虽然很辛苦，但各级领导对我高度认可，群众满意度也非常高。益农信息社是个好平台，我会继续把益农信息社做下去，还要越做越好。

湖北省武汉市黄陂区祁家湾街东风村宏丰益农信息社马万信息员的典型事例

一、基本情况

2017年5月，在湖北省武汉市黄陂区农业委员会的大力引导、支持下，马万成为了湖北省武汉市黄陂区祁家湾街东风村宏丰益农社信息员。他致力于带动返乡青年再创业、推广本土优质农副产品外销、提供便民办事服务、培训农村电商创业、收集农业相关信息等工作，通过多种形式推动信息进村入户，帮助农民增收致富。

二、服务情况

宏丰益农社成立以来，马万始终心系百姓，用实实在在的行动去关爱帮助困难群众。先后组织开展农村电商创业培训6次，邀请贫困户及想创业的年轻人累计300人次参加培训活动；并通过互联网络远程电商平台与院校学者、企业老板对接，为广大群众进行远程电商交流，并指导其创业注意事项及农村电商的发展。同时，积极为广大群众提供互联网商品代购、快递代收代发、农资农具代购、生活缴费等便民服务，截至目前，已累计服务群众约2 600余人次。真正让群众体会到了益农信息社带来的便利。

积极探索"互联网＋精准扶贫"模式下的农村电商发展。为解决当前贫困户农副产品销售难的问题，马万三天两头下村入户，收集相关素材，利用"12316"益农信息社站点优势，将村里的农产品，通过网络电商平台、联系合作社收购、农产品进社区促销等多种线上线下的销售方式进行销售，增加农民收入。协助销售的产品有优质蜂蜜、莲米、大米、鸡蛋、橘子、红心火龙果等十几种，带动销售十余万元。今年1月，一个贫困户找到马万，说家中有百余只土鹅急需销售。马万当天就联系到一家加工厂，同意全部收购，销售金额9 500元。

根据省、市、区农业部门关于扎实推进信息进村入户的要求，以益农信息社站点为基础，建立308人的微信群，通过微信群转载各方面防病抗灾的信息达30余篇，回复农民提出的问题800余个。2018年1月26日，我区遭遇大范围雨雪冰冻灾害天气，对农业生产和群众生活造成较大影响，部分地区受灾严重。为了贯彻落实区农委关于做好抗灾救灾工作的通知精神，充分发挥"12316"益农信息作用，马万投入到抗灾救灾行动中，会同区农业"12316"专家到5家合作社基地，了解受灾情况，深入田间地头，现场协助开展抗冻救灾工作，挽回经济损失16万元；就农民在微信群中提出的问题，联系部分省级"12316"专家（重点是蔬菜、茶叶、水果、畜禽等类别），开展电话访谈，现场记录专家提供的防冻抗寒措施，回访用户12个，解决农民技术问题50多个（次）。

三、个人心得

益农信息社的设立方便了群众，也增进了干群感情。一年多来，我一直从事益农信息社各项工作，虽然很辛苦，但各级领导对我高度认可，群众满意度也非常高。今后我将一如既往，坚持学习，刻苦钻研，不怕吃苦，脚踏实地搞好益农信息服务工作。

湖北省当阳市王店镇西楚粮仓
益农信息社周丹凤信息员的典型事例

一、基本情况

周丹凤负责的湖北省当阳市王店镇西楚粮仓益农社成立于2017年3月。该社成立以来，秉承"服务三农、资源共享、共同发展"理念，以"便民、利民、富民"为目标，积极开展公益、便民、农产品电子商务和培训体验四大服务，着力推进"信息精准到户、服务方便到家"。益农社已成为农民群众之家，彰显了"互联网＋"益农信息社的效果，形成了信息社和农户双赢格局。2017年，该社被农业部授予全国"益农信息社百佳案例"荣誉称号。

二、服务情况

西楚粮仓益农信息服务社主要以农业专家服务平台、"12316"信息服务平台、农产品电子商务服务平台和农产品体验培训服务平台为重点。周丹凤作为该社一名信息服务员，一年来为农民、合作社提供咨询服务374次，采集农业信息284条，涉农服务156次，便民服务145次；为新型农业经营主体提供市场信息450条；帮助养殖户、农产品企业农产品185吨，线下线上订单总额2 000余万元，推广新品种22个，新技术12项，新产品5个。

2018年6月，家住新店村的农户李启莲家里有近8 000斤李子，没有销售渠道。眼看着到了采摘的季节，可老人家里没有人力，不方便上树采摘。周丹凤得知这个消息后，当天就到果园去拍摄了李子的图片，并向老人家详细了解了李子的品种、产量、成熟期挂果的时间。周丹凤建议老人家以采摘的方式来销售，征得了老人家的同意后，她编辑好李子的信息和图片，在微信朋友圈和各大群扩散，很快就得到了当阳及周边广大热心网友的积极响应，长版雄风的公众号也帮忙做了推广和宣传，仅仅两天时间李启莲家的李子就被抢购完了。这样的销售方式和速度让两位老人家非常开心，对销售结果非常满意。8月，合意葡萄合作社的葡萄成熟，陈老板听说益农社帮助销售李子的事情之后，希望也能帮他做做推广。虽然周丹凤并不是科班出身，但是他工作态度认真，拍片、写软文、联系公众号推广，做了很多工作。后来公众号发布的文章浏览量达到了5 000多，评论点赞也创了新高，大大增加了葡萄园采摘的入园人流量。同时他还帮助联系了周边的水果商贩，日销葡萄800斤，30天共计销售葡萄24 000余斤，陈老板对销售结果非常满意。

三、个人心得

慢慢地，我被越来越多的人认识并认可，也开始得到一些好评。我很感谢并十分珍惜信息进村入户和益农社给我提供的发展平台，让我有实现自我价值的机会，能在日常的点滴服务中实实在在地帮助农民解决问题，让我感到工作、生活都很开心。我觉得通过益农社平台做好服务工作，一是要接地气，贴近农民的生产生活；二是要有耐心，不厌其烦开展工作；三是要善于发现新的服务点，不断拓展服务范围。我会继续努力做好本职工作，希望尽自己的努力能帮助到更多的人。

湖北省当阳市王店镇双莲村
益农信息社韩翠芳信息员的典型事例

一、基本情况

为进一步探索"互联网＋农村"新模式，积极回引外出务工优秀人才，助推脱贫攻坚，推动乡村振兴战略。2017年4月，在政府的大力引导、支持下，韩翠芳成为了湖北省当阳市王店镇双莲村益农社。作为基层的一名信息员，她致力于带动返乡青年再创业、推广本土优质农副产品外销、提供便民办事服务、培训农村创业致富能手等工作，通过多种形式推动"互联网＋"进村入户。2017年，被评为农业部全国益农信息社百佳案例、宜昌农资规范化经营服务示范户，被评为当阳农业银行金穗惠农通服务一等奖；2018年被评为王店镇委员会优秀党小组长。

二、服务情况

韩翠芳是当阳市王店镇双莲村一个普通农民，2016年参加新型职业农民培训，创建的益农信息社被确定为信息进村入户简易型信息服务站。该站建成以来，为农业、农村和广大农民群众提供多渠道、多形式、全方位的信息化服务，为广大农民群众发展致富插上了腾飞的翅膀，真正让益农社成为了惠及农民的重要平台。

在搭建过程中，益农社融合了公益服务、便民服务、电子商务服务和专业增值服务，同时，依托益农信息服务，为农民提供"买、卖、推、缴、代、取"六大服务。

目前，双莲益农信息社依托"湖北12316益农信息平台"为本地村民、种养大户等主体代购种子、农药、化肥等农业生产资料285吨，农机具70多台套，家电、衣物等生活用品物资537件；帮助村民或种养大户在电商平台上销售当地的柑橘、蔬菜等大宗农产品1 000余吨等；推广农业农药减量、生物防治等新技术12项、"隆两优534"等8个农作物新品种。2018年上半年，在本地辐射范围内协助"当阳市亿民柑橘合作社"推广运用有机肥替代化肥600多亩，帮助村民和种养大户解决生产经营中的产前、产中、产后等技术问题及信息问题136条；与中国农业银行合作为村民代缴话费、水电费、电视费、保险等资金6 000多万元，使村民不出村即可办理相关业务事项；为村民提供各项代理服务业务12项；为村级代理各家物流配送站的包裹、信件等业务140余次。

三、个人心得

益农信息社的设立方便了群众，也增进了干群感情。我建立的双莲村益农信息服务社，为农民提供了生产、生活、信息需求等方面的服务，得到了村民的一致好评和认可。

湖南省衡阳市衡南县宝盖村益农信息社
洪庆华信息员的典型事例

一、基本情况

为了进一步探索"互联网＋农村"新模式，2015年，在政府的大力引导、支持下，原在杭州某外企任职的洪庆华返回家乡担任了湖南省衡阳市衡南县宝盖镇宝盖村益农信息社信息员。她致力于带动返乡青年再就业、推广本土优质农副产品外销、提供便民办事服务、培训农村创业致富能手等工作，通过多种形式推动信息进村入户工程的实施。

二、服务情况

一是贴心服务，便民为民。洪庆华自担任宝盖村益农社信息员以来，利用自己是民建会员的身份，邀请医院、残联、科研院所等部门的专家到村里义诊、讲课，为贫困家庭捐款捐物。同时，积极为周边村民提供网上商品代购、快递代收代发、农资农具代购、代缴话费、代买火车票、打折机票等服务，真正让群众体会到了益农信息社带来的便利。据不完全统计，自建社来，便民服务人数达1.2万人次，各类代缴费13 056笔，其中代收电费38万元，手机话费18.2万元，寄递包裹208件，代投包裹0.8万件，助农取款58万元，电子商务成交额达450万元，结对帮扶贫困户25户68人。

二是创新创业，益农致富。受沿海先进的网络信息技术影响，洪庆华回乡第一件事便是想着如何利用互联网平台将家乡的土特产推销出去，从做好"卖产品""造品牌""搞声势"着手，带动宝盖村乡村经济的发展。

利用现代互联网技术销售产品。宝盖镇农业资源丰富，乡村旅游蓬勃发展，烟叶、茶叶、银杏种植面积居全市首位，农特产品种类多、品质优。洪庆华先是在自己的微信朋友圈晒家乡的土特产品，朋友们看到后，纷纷下单订购。后来，订单多了、业务扩大了，就把宝盖镇的农特产品（牛肉、烧饼、西瓜、月饼、花生等）注册了"洪帮主"商标，开通了自己的网络商城。因为有农业部"益农信息社"这块金字招牌作后盾，通过近3年的努力，"洪帮主"牌农特产品已成为远近闻名的网络热销品牌，还在市区开设了互联网实体店，电子商务成交额达400多万元。2017年6月，该镇生产的"绿彤"有机茶已远销到美国拉斯维加斯。

利用宝盖村优势打造"宝盖牌"。宝盖镇是湖南省特色旅游名镇，宝盖村又是湖南省农业旅游示范村、入围农业农村部举办的首届中国农民丰收节"特色村庄"百强村。洪庆华充分利用本村的旅游资源，投资筹建了集休闲、观光、采摘、餐饮、住宿为一体的火田山庄，吸纳了5名贫困户到山庄就业，指定10户贫困户为山庄供应时蔬、鱼、鸡、蛋等农特产品。

利用新模式新概念搞出宝盖影响力。为了保证农产品品质，他又通过"众筹""分享经济"模式，建立了优质稻、西瓜、沃柑、黄牛、土香猪等种养殖基地。按照客户的需求量确定种植、养殖规模，坚守生态环保、绿色有机的经营管理模式。利用节假日，在益农信息社举办"土菜节""尝新节"等聚会活动，借机推销周边村民的农特产品。

三是精准扶贫，不遗余力。在开展益农社工作中，积极开展脱贫攻坚工作，不遗余力。为解决当前贫困户农副产品销售难题，洪庆华三天两头走村串户收集情况，通过线上线下相结合，包装推广本地贫困户家中的优质农副产品，成功帮助散市村托里组贫困残疾养猪户出售香猪3头，帮助农村老人出售土特产达30多万元。2017年夏天，持续阴雨天气让正值上市的西瓜滞销，瓜农一筹莫展。洪庆华了解情况后，利用自己人脉广、资源多的优势，在珠三角和长三角及省会长沙市组织团购，利用回头车降低运输成本，将西瓜发往长沙、广州、深圳、东莞、杭州、上海等各大城市。因路途遥远，造成损毁的，他亏本销售，也不要瓜农承担损失。去年，在整个衡阳地区瓜农都亏损的情况下，宝盖镇的西瓜种植却赢利丰收。益农社成立以来，通过线上线下为37户贫困户销售土鸡、大米、土猪、果蔬等农副产品约78万元，贫困户人均增收约775元。

三、个人心得

经营益农社，虽然很辛苦，事多而杂，但方便了群众，融洽了党群关系，得到了各级领导的肯定认可和周边群众的一致好评，我觉得所有的付出都是值得的，累并快乐着。下一步，我将围绕乡村振兴战略，做大做强益农社业务，发挥带头模范作用，带动全村人民生活早日奔小康。

湖南省常德市安乡县合兴村益农信息社
张贤美信息员的典型事例

一、基本情况

为进一步探索"互联网＋电商"农村新模式，助推脱贫攻坚，推动乡村振兴战略。2016年3月，在县政府的大力引导、支持下，张贤美成为了湖南省常德市安乡县官垱镇合兴村益农社信息员，致力于带动农户发家致富、推广本土优质农副产品外销、提供便民办事服务、培训农村创业致富能手等工作，通过多种形式推动"互联网＋"进村入户。

二、服务情况

合兴益农社成立以来，信息员张贤美始终心系百姓，用实实在在的行动去关爱帮助广大群众。为村民购买商品，购买火车票，为村民寄件取件提供了便利。在工作中，她始终坚持信息益农、惠农，通过不断完善服务，争做村民信息的播报人、服务的贴心人、信息致富的领路人。

（一）带头兴业创特色

打造农业电子商务，需要有产业、品牌，合兴村是省级扶贫村，多年来都是以传统的粮、棉、油作物生产为主。张贤美担任信息员后，勤思考、重谋划，从"一乡一品、一村一特"方面着手，走村入户听取村民意见，邀请农技专家把脉问诊，通过深入市场调查，决定组织村民们发展"荷田＋"产业。2016年，部分村民对种植湘莲信心不足，担心销路和收益不好。张贤美带头筹资50万元，种植湘莲180亩，通过搭建"组织＋党员＋大户"平台，在全村掀起了"荷田＋"生态种养的高潮，"荷田＋"产业采取"公司＋农户"的模式运行，现已有400户农户参与了进来，同时套养泥鳅、龙虾，每亩纯收益达2 500元。

（二）线上服务惠民生

在打开特色农产品销售渠道的路上，张贤美充分利用智慧民生、一亩田、田田圈等信息平台，以"互联网＋流通"为手段，借助电商渠道和网络优势，把农产品资源"引流上线"，打开了合兴村特色农产品网上零售和批发业务的局面。她创建的"每日一助"栏目帮助种植、养殖大户发布供求信息，拓宽了销售渠道，有效破解了销售难问题。她通过智慧民生、一亩田等联系到广东、深圳、湖北、贵州及省内的长沙、娄底、邵阳等地的收购商，销售龙虾37吨、包菜60吨、辣椒35吨。近年来，在她的带动和努力下，合兴村产业得到极大发展，群众收入大大提高，农民人均可支配收入年增加1 800元。

三、个人心得

益农信息社的设立方便了群众，也增进了干群感情。几年来，我一直从事益农信息社各项工作，虽然很辛苦，但各级领导对我高度认可，深受群众好评，群众满意度也非常高，连续5年获得"学习之星""创业标兵""优秀党员""计划优秀村干"荣誉称号。

湖南省湘西土家族苗族自治州永顺县松柏村益农信息社杜平信息员的典型事例

一、基本情况

杜平负责的湖南省永顺县松柏镇松柏居委会益农信息社成立于2015年7月。该社成立以来，秉承"服务三农、资源共享、共同发展"理念，以"便民、利民、富民"为目标，积极开展公益、便民、农产品电子商务和培训体验四大服务，着力推进"信息精准到户、服务方便到家"，已成为农民群众之家，彰显了"互联网＋"益农信息社的效果，形成了信息社和农户双赢格局。2017年，该社被农业部授予全国"益农信息社百佳案例"荣誉称号。

二、服务情况

（一）信息服务功能齐全

益农信息社设施设备齐全，服务功能比较完善，拥有公益便民服务室30米^2、农产品电商展示展销室400米^2、培训体验室100米^2、办公室50米^2、电脑台10台、咨询服务电话两部。为保障公益、便民、农产品电子商务和培训体验四大服务落地打下了坚实基础。

（二）公益服务效果显著

依托本镇猕猴桃产业，建立了信息服务台账和农产品信息数据库，对接贫困农户146户，点对点开展服务指导。一年来，围绕本镇特色产业发展、精准扶贫和农民增收，聘请县、镇农技专家开展培训服务6场次，发布法律法规、惠民政策、农产品市场、种植养殖技术等信息300余条，帮助农户解决技术难题25项，农信服务覆盖率达到60%，月提供信息咨询服务200余人次，受益农户户均增收110元以上，当地群众高度称赞，满意率90%以上。

（三）便民服务开展良好

以益农信息社为骨干，整合党建、商务、邮政、农商行、居委会等单位资源，充分发挥主渠道引领作用，共同推进便民服务。两年来，为当地居民提供代缴代存、代购代买、代收代发，等增值服务2 800余笔，代办代购交易额180余万元。方便了群众，增加了收入。

（四）电子商务成效明显

依托淘宝网、邮乐网、拼多多和市内网络平台，开设农产品网店5个，以订单销售方式与贫困农户结成利益联结机制，着力推进农产品网上销售。按照"生产有规程，质量有标准，产品有标志，市场有监测"的要求，建立无公害农产品基地500亩，积极应用市农产品质量安全追溯系统和二维码技术，以"松柏猕猴桃"公用品牌为引领，开展质量溯源，保障网货质量。一年来，益农信息社实现互联网直销农产品5类10余个产品，销售额1 500余万元，其中帮助428户农户（其中贫困户146户）销售农产品25万余元，农户户均收入3 500元。初步解决了农产品上行"最后一公里"的问题，进一步推动了特色产业发展，加快了农民增收脱贫。

（五）孵化示范起色较大

围绕打造全县信息服务"第一村"的目标，按照传、帮、带的"保姆式"方式，帮助返乡农民工、留守青年、种养农户实施创业行动，组织开展农业绿色种植养殖、店铺开设、电商运营、增值服务等培训，提升信息社的影响力和凝聚力。益农社成立以来，开展孵化培训10余次，培训1 200人次，接待县内外前来学习参观的人员300余人次，扶持创业农民和大学生5人，孵化村级益农信息社和农村电商5家。

三、个人心得

益农信息社的设立方便了群众，也增强了干群感情。几年来，我一直从事益农信息社各项工作，虽然很辛苦，但各级领导对我高度认可，群众满意度也非常高，多次获得各项荣誉。今后我将继续努力，发挥松柏居委会益农信息社的信息引领作用，更多更好地为老百姓服务。

广东省乐昌市九峰镇上廊村
益农信息社潘国平信息员的典型事例

一、基本情况

乐昌市九峰山电子商务有限公司益农信息社建在九峰镇上廊村，2015年11月公司登记注册，注册资金50万元。公司主要承担绿峰合作社农产品电子商务、电商体验馆和益农信息社的所有业务，业务范围是农产品线上线下销售、网络平台建设与运营、电子商务服务、培训服务、营销活动策划及农产品配送等。该公司还是广东省名特优新农产品省级电商体验馆、省级惠农信息社、韶关市电子商务示范企业、中国青年电商精英联盟会员单位、广东省农产品电子商务协会会员单位、韶关市电子商务协会副会长单位，以及韶关市农业互联网小镇示范点九峰镇镇级运营中心，分别在九峰镇和乐昌城区开设一间九峰山果菜体验馆。2017年公司实现销售农产品400多万元，净利润40多万元。公司拥有专业的电商团队，先后开通了九峰山果菜、本土生活、九峰山乡村游等3个公众号，有活跃粉丝一万多，建设了自己的平台"九峰山果菜官网"。还在淘宝、有赞、微信开通了"九峰山水果旗舰店"4家，通过培训村民，辐射带动九峰镇果农开通上千家网店，形成了家家开网店、户户做电商的浓重电商氛围，农产品销售价格比上年同期上涨80%～100%，电商销售火爆，实现了果农增产增收。

二、服务情况

益农信息社设施设备齐全，服务功能比较完善，拥有公益便民服务室 30 米²、农产品电商展示展销室 80 米²、培训体验室 100 米²、办公室 50 米²，电脑 3 台、投影仪 1 台、信息服务一体机 2 台、咨询服务电话 1 部，开设信息电商平台 5 个，配备信息服务人员 6 人（其中农技服务专家 1 人），建农产品仓库 800 米²、冷冻（藏）库 3 000 米²。为保障公益、便民、农产品电子商务和培训体验四大服务落地打下了坚实基础。

2017 年，在黄金奈李开始上市前，益农社推出了预售活动，并牵头组织主办了"九峰黄金奈李王"评选活动，掀起了九峰黄金奈李宣传推介的高潮，把九峰黄金奈李收购价从去年的 6 元／斤提高到 10 元／斤，每吨净增收入 8 000 元。九峰镇黄金奈李年产量为 8 000 吨以上，直接为九峰镇果农增加年收入 6 000 多万元，平均每户增收 1.5 万元，自有平台网上销售农产品 500 多万元。

2018 年，益农社引进京东物流，以更好的服务和更优惠的价格让九峰农产品卖到全国各地。益农信息社为上廊村每个贫困户提供个性化服务，微店推出扶贫专柜专门销售贫困户的农特产品；下村入户代收代卖，已经为贫困户销售土蜂蜜，水果、番薯、土鸡蛋、番薯干等土特产品 50 多万元，除去包装材料和快递费外，所有利润均加入到贫困户的收购价里，为贫困户实现增收。

益农信息社信息员潘国平被农业农村部广东平莆农村人才培训基地聘为教师，为基地培训农民学员 2 000 多人次，还多次到韶关市委党校、仁化县、乳源县、翁源县，乐昌市的梅花、坪石等镇为当地举办农产品电商培训班授课，传授分享电商经验，培养了一大批农村电商实用人才，为推动山区农产品电子商务发展、为农产品走出大山、为脱贫致富做出了贡献。

三、个人心得

益农信息社的设立方便了群众，也增进了干群感情。几年来，我一直从事益农信息社各项工作，虽然很辛苦，但各级领导对我高度认可，群众满意度也非常高。我还获得了全国农业劳模、广东省百佳新型职业农民、韶关市农村创业青年示范户、韶关市新乡贤等多种荣誉。

今后我会利用好益农社的平台，做好农产品质量安全追溯系统，打造农产品电商品牌，把山里的农产品卖到全国各地，带动当地果农发展农产品电商，实现增收致富。

广东省东莞市石碣镇梁家村广东万达丰农投蔬果有限公司益农信息社王志明信息员的典型事例

一、基本情况

王志明负责的广东省东莞市石碣镇梁家村广东万达丰农投蔬果有限公司益农信息社成立于2016年4月。该社成立以来，秉承"服务'三农'、资源共享、共同发展"理念，以"便民、利民、富民"为目标，积极开展公益、便民、农产品电子商务和培训体验四大服务，着力推进"信息精准到户、服务方便到家"，已成为农民群众之家，彰显了"互联网＋"益农信息社的效果，形成了信息社和农户双赢格局。2017年，该社被农业部授予全国"益农信息社百佳案例"荣誉称号。

二、服务情况

（一）信息服务功能齐全

益农信息社设施设备齐全，服务功能比较完善，拥有公益便民服务室20米^2、农产品电商展示展销室100米^2、培训体验室100米^2、办公室50米^2，电脑12台、投影仪1台、信息服务一体机1台、存取款设备2套、咨询服务电话2部，开设信息电商平台5个、信息服务人员8人（其中农技服务专家3人），建农产品仓库800米^2，冷冻（藏）库160米^3。为保障公益、便民、农产品电子商务和培训体验四大服务落地打下了坚实基础。

（二）公益服务效果显著

依托"12316"热线、信息服务台账和农产品信息数据库，对接贫困农户137户，点对点开展服务指导。一年来，围绕本镇特色产业发展、精准扶贫和农民增收，聘请县、镇农技专家开展培训服务13场次，发布法律法规、惠民政策、农产品市场、种植养殖技术等信息900余条，帮助农户解决技术难题12项，本村农信服务覆盖率达到60%，月提供信息咨询服务200余人次，受益农户户均增收110元以上，当地群众高度称赞，满意率90%以上。

（三）便民服务开展良好

以益农信息社为骨干，整合党建、商务、供销、邮政、农行、村委会等单位资源，充分发挥主渠道引领作用，共同推进便民服务。两年来，为当地村民提供代缴代存、代购代买、代收代发，小额取现等增值服务1 500余笔，代办代购交易额180余万元。方便了群众，增加了农民收入。

（四）电子商务成效明显

依托淘宝网、邮乐网、拼多多和市内互联网平台，开设农产品网店5个，以订单销售方式与贫困农户结成利益联结机制，着力推进农产品网上销售。按照"生产有规程，质量有标准，产品有标志，市场有监测"的要求，建立无公害农产品基地500亩，积极应用市农产品质量安全追溯系统和二维码技术，开展质量溯源，保障网货质量。一年来，益农信息社实现网上直销农产品12类80余个产品，销售额120余万元，其中帮助112户农户（其中贫困户25户）销售农产品25万余元，农户户均收入2 200元。初步解决了农产品上行"一公里"的问题，进一步推动了特色产业发展，加快了农民增收脱贫。

（五）孵化示范起色较大

围绕打造全县信息服务"第一村"的目标，按照传、帮、带的"保姆式"方式，帮助返乡农民工、留守青年、种养农户实施创业行动，组织开展农业绿色种植养殖、店铺开设、电商运营、增值服务等培训，提升信息社的影响力和凝聚力。益农社成立以来，开展孵化培训20余次，培训400人次，接待县内外前来学习参观的人员250余人次，扶持创业农民和大学生12人，孵化村级益农信息社和农村电商14家。

三、个人心得

益农信息社要利用好国家给予的资源和平台，尽力为广大农民做好服务工作，努力打造运营"粤农优品"，做好产品的安全认证和二维码可追溯，增加产品的溢价空间，进而带动当地农业经济的发展。

广西壮族自治区柳州市融安县富乐村益农信息社赖园园信息员的典型事例

一、基本情况

赖园园于2013年12月回到家乡——广西柳州融安县创业，通过加入益农信息社信息员队伍，与一群志同道合的信息员创办了"橘乡里"广西金橘品牌，从标准种植、电商销售、品牌创建三个环节着手，帮助山区橘农破解金橘销售难、增收难的问题。通过电商销售，提高了金橘销售价格，仅2017年线上线下金橘销售额就达2 000万元。赖园园一举成为大山里家喻户晓的电商女能人，让山区橘农和贫困户搭上了"致富快车"，助推金橘产业不断壮大。

二、服务情况

（一）不忘初心，克难攻坚，电商销售助脱贫

2014年，赖园园开始探索金橘销售的新路子，她尝试以每斤高出市场价格2元的标准收购金橘，再通过互联网销售，不仅克服了山区交通不便的劣势，还增加了收入。2015年，她建立了自己的电子商务基地，组建了电子商务销售团队，积极与各大电商平台签订供销协议，采取线上下单、线下交易的模式进行金橘销售，走出了一条集金橘收购、销售为一体的特色农产品电子商务发展之路，创新了消费模式，缩短了流通环节，节约了销售成本，为农民增收开辟了一条新的途径。2016年，"橘乡里"电商品牌在江浙一带徽商联盟已小有名气，

每3天向江浙区域发货3 000件左右。她用一根小小的网线，让优质的融安金橘走出大山，走向全国。

致富不忘助脱贫，赖园园想让村里的金橘卖得更好，让橘农的收入得到提高。为了帮助贫困户，赖园园总是以高于市场的价格收购村里贫困户的金橘，出现了以往高品质金橘运往县城销售，如今却运往富乐村赖园园家的"不正常"现象。在金橘销售旺季，她还主动聘请贫困户到自己的基地务工，每天为贫困户提供100多个工作岗位，不仅解决了贫困户金橘销售难的问题，还让贫困户在电子商务基地务工，实现双重增收。

据统计，2016年，赖园园的"橘乡里"电商品牌带动全镇橘农实现金橘互联网销售50万千克，销售额突破1千万元，其中帮助50多户贫困户销售15万千克金橘，每年支付工人工资100余万元，使周边贫困户每户增收2万元以上。

(二) 俯下身子，贴心服务，绿色果园成规模

2014年以来，赖园园和她的母亲为贫困户预付农资达60余万元。在母女俩的带领下，果农们逐渐转变了思想，抱团发展，形成了统一用肥用药、科学规范管理的新种植理念。如今，合作社有金橘专业种植户35户，其中贫困户7户，党员3名，积极分子2名。拥有260亩无公害金橘生产基地，年产金橘约52万公斤，在2016年全县金橘果品检测中，合作社的金橘无一例农药残留超标，生产出的金橘成为各大电商的抢手货。

(三) 打响品牌，做大产业，创业圆梦橘乡里

2014年，赖圆圆带领合作社成功注册了"橘韵"商标，合作社的金橘获得了"绿色食品A证"，2015年创立了自己的电商品牌"橘乡里"。为了提升金橘品牌影响力，她结合"文化、环保、创新"等理念，打造出了以"橘乡里"为主题的金橘系列形象包装。在赖园园的带领下，合作社形成了统一管护、统一施肥、统一用药、统一上市、统一标准、统一包装、统一销售的"一条龙"产业链条。

2016年12月，CCTV-2《生财有道》栏目播出了《融安金橘带来的甜蜜财富》后，当天就给赖园园的金橘网店带来近万件的销量。由于合作社坚持把控金橘品质、包装、物流运输各个环节，顾客在购买金橘后给予的好评率达97%以上。"橘乡里"品牌逐渐打响，取得了各大电商平台的信任，成为京东、淘宝、微商联盟等一线互联网销售平台的供应商。

三、个人心得

对于未来的发展，我信心十足，目前，我正借助县委组织实施的"能人带富、组织带富、企业带富"三大党建带富工程，以及"半亩金橘助脱贫，五亩金橘助摘帽"的金橘产业帮扶行动，带领群众建设一批标准化金橘基地，引进更加先进的电商销售理念，打造现代化物流平台，朝着产业化、规模化、品牌化方向发展，力争把金橘产业做大做强，帮助更多橘农销售金橘，让融安金橘成为农民的脱贫果、致富果、幸福果、开心果。

广西壮族自治区桂林市永福县益农信息社宾小凤信息员的典型事例

一、基本情况

宾小凤，是从公务员队伍辞职后组建"宝妈团"，两个月卖掉9万斤砂糖橘的网红人物。2018年7月，在政府的大力引导、支持下，宾小凤成为了广西永福县1名光荣的益农社信息员，通过运营"拼姑娘"电商公司，开辟特色"种植业＋电商＋农户＋扶贫"新模式，以富硒农特产品为基础，以互联网为平台，成为带动当地贫困群众脱贫致富的中坚力量。

二、服务情况

永福县益农社成立以来，信息员宾小凤始终心系百姓，用实实在在的行动去关爱帮助困难群众。

（一）以信息进村入户为统领，当农村电子商务引路人

宾小凤坚持以信息进村入户为指引，亲自编写教程，为缺乏互联网技能且低收入的宝妈们提供技能培训，带领"宝妈团"组建了一支500余人的电商创业"娘子军"。并且带领"拼姑娘"团队主要负责人先后到浙江、江苏、上海、广东、江西、海南等地区宣讲农产品优惠政策、招商引资，不仅扩大了永福土特产的知名度，还招募了很多来自全国各地的代理商。她还积极为永福农产品代言，在2017年"我为家乡砂糖橘代言"期间，不到两个月的时间，通过试吃、现场采摘、

直播等方式，点击量破9.2万，她和她的团队共卖掉9万斤砂糖橘。同时，她还组织开展"拼姑娘"团长线下见面会、农村党员农技知识培训班、"双11"启动会、"双12"启动会等系列活动，向农户提供了各类供货、销货渠道，为全县电商产业培养了一批优秀人才，带动了党员争当致富带头人的积极性。

经过不断探索，"拼姑娘"团队一年四季产品从不间断，销售富硒罗汉果、砂糖橘、龙菊、菌类干货……建立的"拼姑娘"农村电商团队影响越来越大，已经成为桂林有名的青年电子商务团队。

（二）带领群众发展种植业，当扶贫致富的护航人

宾小凤作为土生土长的农民儿女，积极投身于全县脱贫攻坚事业，引领农户靠种植富硒砂糖橘、罗汉果等特色农产品来增加收入，着力解决贫困户家庭收入少、外出务工难等问题。她以宣传当地土特产、打造精品品牌为宗旨，以微信推广为载体，以农村电子商务为契机，以带动群众脱贫致富为发力点，积极招商引资、拓宽产品销路。

她经常利用工余时间走访困难家庭，在得知因市场波动等原因导致罗汉果销售存在困难后，主动与贫困户签订长期供销协议，帮助他们营销富硒砂糖橘、罗汉果、香米等特色农产品，直接增加了贫困户收入。"拼姑娘"团队先后与罗锦镇和堡里镇等15个村（屯）的26户精准扶贫建档立卡贫困户，在自主自愿的基础上与贫困户达成长期供货协议，在产品收购时，以每斤高于市场0.5～1.5元的价格上门收购，将中间环节利益直接让给贫困户。2017年以来，她通过自己的销售平台销售80万个罗汉果，15万公斤沙糖橘；同时，还积极对接北京、天津、上海等地果商，为农户销售沙糖橘100多万公斤，帮助贫困户年人均增收2 000元左右。

（三）在平凡中默默付出，当党的形象代言人

宾小凤对农村对乡亲们有着特殊的情怀。除了在日常生活中孝敬父母、爱护孩子外，她还积极践行尊老爱幼的优良传统，注重关爱空

巢老人和留守儿童，逢年过节都自发地组织员工到敬老院看望孤寡老人，不仅带去热气腾腾的饺子和汤圆，还给他们修剪指甲和收拾屋子；主动参与"点亮微心愿　助力脱贫攻坚"活动，帮助52名贫困学子圆梦。

三、个人心得

为了发展壮大"拼姑娘"，服务好我们的信息进村入户工作，我的团队几乎把所有时间和精力奉献在了工作上，村民们还给我起了绰号"拼命姑娘"，"拼姑娘"的称呼也是由此而来。

广西壮族自治区荔浦市马岭镇合安村益农信息社韦宜丽信息员的典型事例

一、基本情况

韦宜丽负责的广西壮族自治区荔浦市马岭镇合安村益农信息社成立于2018年8月。该社成立以来，秉承"服务三农、资源共享、共同发展"理念，以"便民、利民、富民"为目标，积极开展公益、便民、农产品电子商务和培训体验四大服务，着力推进"信息精准到户、服务方便到家"，已成为农民群众之家，彰显了"互联网＋"益农信息社的效果，形成了信息社和农户双赢格局。

二、服务情况

信息服务功能齐全。韦宜丽2010年开始发展电商，益农信息社依托的电商设施设备齐全，服务功能比较完善，拥有公益便民服务室100米²、农产品电商展示展销室20米²、办公室20米²，电脑2台、信息服务一体机1台、存取款设备2套、咨询服务电话2部，开设信息电商平台12个、信息服务人员10人，建农产品仓库300米²。为保障公益、便民、农产品电子商务和培训体验四大服务落地服务打下了坚实基础。

公益服务效果显著。依托本县"农村淘宝""乐村淘"等电商平台，建立了信息服务台账和农产品信息数据库，对接农户128户，点对点开展服务指导。2018年，围绕本镇特色产业发展、精准扶贫和农民增收，聘请县、镇农技专家开展培训服务9场次，发布法律法规、惠民政策、农产品市场、种植养殖技术等信息1 100余条，帮助农户解决技术难题15项，本村农信服务覆盖率达到60%，月提供信息咨询服务180余人次，受益农户户均增收160元以上，当地群众高度称赞，满意率90%以上。

便民服务开展良好。以益农信息社为骨干，整合党建、商务、供销、邮政、农行、村委会等单位资源，充分发挥主渠道引领作用，共同推进便民服务。2018年，为当地村民提供代缴代存、代购代买、代收代发、小额取现等增值服务800余笔，代办代购交易额250余万元。截至目前，2018年韦宜丽的益农信息社仅荔浦芋就在网上销售了100余吨，合计100余万元，方便了群众，增加了收入。

电子商务成效明显。依托农村淘宝网、乐村淘和市内互联网平台，开设农产品网店8个，以订单销售方式与贫困农户结成利益联结机制，着力推进农产品网上销售。按照"生产有规程，质量有标准，产品有标志，市场有监测"的要求，建立无公害农产品基地200亩，积极应用市农产品质量安全追溯系统和"二维码"技术，以"荔浦芋"公用品牌为引领，开展质量溯源，保障网货质量。一年来，益农信息社实现网上直销农产品10类50余个产品，销售额180余万元，其中帮助128户农户销售农产品165万余元，农户户均收入2 500元。初步解决了农产品上行"最后一公里"的问题，进一步推动了特色产业发展，加快了农民脱贫增收。

孵化示范起色较大。按照传、帮、带的"保姆式"形式，帮助返乡农民工、留守青年、种养农户实施创业行动，组织开展农业绿色种植养殖、店铺开设、电商运营、增值服务等培训，提升信息社的影响力和凝聚力。自开展电商及益农信息社成立以来，开展孵化培训20余次，培训650人次，接待县内外前来学习参观的人员300余人次，扶持创业农民和大学生15人，孵化村级益农信息社和农村电商23家。

三、个人心得

益农信息社的设立方便了群众，也增强了干群感情，我个人也深受群众好评，群众满意度非常高，2015年被评为荔浦县"乡村创业创富好青年"，2016年荣获桂林市巾帼建功标兵、桂林市乡村创业创富好青年、荔浦县优秀电子商务个人等荣誉称号，还被选为桂林市第五届人大代表，2017年被选为广西壮族自治区第十三届人大代表。

广西壮族自治区梧州市长洲区旭村
益农信息社廖天林信息员的典型事例

一、基本情况

为了充分利用"互联网＋"现代农业新模式，积极引导当地发展特色农业，促进农民增收致富，廖天林响应当地政府号召，助推脱贫攻坚，振兴乡村战略，参与建设了梧州市长洲区旭村益农信息社并担任了信息员。该社成立以来，坚持"服务'三农'、资源共享、便民利民"为宗旨，积极引导当地农民大力发展特色农业产业，推广本地名优农副产品，联系邀请有关农业专家、技术人员到旭村进行技术指导，并做好培训农村创业致富能手等工作。

二、服务情况

（一）益农信息社功能设备齐全

益农信息设置了40米^{2}公益便民服务室、100米^{2}农产品电商展示展销室以及40米^{2}办公室，线上开设4个农产品销售平台，现有信息服务人员5人，其中包括农技人员2人。同时，建设400米^{2}仓储物流区，为开展农产品电子商务打下了良好基础。

（二）益农信息社服务效果显著

益农社为农民提供了农业咨询、农机培训、网上商品、农资农具代购、医疗治疗咨询等专业服务，帮助村民和大户解决生产经营中产前、产中、产后的技术问题及信息问题。截至目前，已累计服务群众

2 000 余次，真正让农民体会到益农信息社带来的便利生活。

（三）打开特色农产品销售渠道

信息社服务人员经常深入到当地农民家里，及时了解农民优质农副产品资源，充分利用"互联网+农村"销售模式，通过本社授权的电商平台，包装本地名优特农副产品。自信息社成立以来，先后通过线上线下相结合的方式为当地农民销售家禽、农特产品、水果等，销售额为50多万元，其中水果（砂糖橘）价格比周边价格提高50%以上，当地农民人均增收300元以上，帮助当地34户贫困户实现脱贫致富。

（四）开展特色农产品品牌化销售

廖天林通过益农信息社，大力包装当地的名优茶叶（东方美人茶）产品，并和茶叶经销商签订合作协议，保证农民种植茶叶取得较高经济效益。目前，旭村农民种植茶叶（茶青），由茶叶公司统一收购（且收购价不低于梧州市当年茶青平均收购价的120%）。积极招商引资，创造"公司+农产（专业合作社）"合作模式，农民既得到了劳动收益，又得到了山地种茶分成利润，大幅度地提高了当地农民收入。2018年参与种植茶（或劳务投入）的农户，平均每户增收12 000多元。

（五）益农信息社服务获得农民认可

廖天林带领当地农民致富、帮助贫困户脱贫、增加农民就业岗位成绩显著。旭村种植生产台湾省名茶东方美人茶基地2017年被广西政府授予现代特色农业"县级示范园"称号。廖天林被推选为梧州市第十四届人大代表、梧州市长洲区第四届政协委员，2018年被评为梧州市中国农民丰收节"十佳种植能手"。

三、个人心得

益农信息社为当地农民提供便捷的信息服务，解决了农民亟待解决的问题。虽然工作繁琐辛苦，但看到农民获得了实实在在的生产生活便利和经济效益，工作再苦也不觉得累了。

海南省海口市秀英区石山镇建新村委会昌道村益农信息社王圣光信息员的典型事例

一、基本情况

王圣光在2016年5月成为海南省海口市秀英区石山镇建新村委会昌道村益农信息社的信息员，并于2018年9月荣获"石山农民创业创新杰出奖"二等奖。身为信息员的王圣光是连接"互联网＋"与农民生活的纽带，在详细了解"互联网＋"的高效、便捷运营模式后，他从村民生活的点滴开始帮助村民进行"代卖，代买，代办"服务，利用互联网的高效性解决了村民生活的不便，改善村民生活质量的同时，帮助村民创业、就业，有效地实现农村增美、农业增效、农民增收。

二、服务情况

（一）汇总自然村人文数据信息

2018年信息员王圣光对其负责的昌道村进行信息数据汇总，数据情况为：总户数为486户，总人口约为2 514人，党员共有55人，80～90岁有71人，百岁老人有1人，大学生人数约为71人，低保有58人，五保户有11户；历史景点有见血封喉、昌道村昌道岭、浩昌村村口将近两百年历史门面；整个昌道村养殖主要是猪、羊、鸡、鹅、牛；种植作物主要以荔枝、黄皮、石榴、黑豆、芝麻、木薯为主。

王圣光在数据汇总期间多次走进昌道村有针对性进行规模调查。一是进村调查种植养殖情况；二是进村拜访低保户为展开扶贫工作做好基础调查；三是进村摸底新旧房屋情况；四是进村调查土地情况。

（二）帮助村民"代卖、代买、代办"

2018年做好为民服务工作。代卖黄皮500斤，荔枝1 500斤，黑豆200斤；代买农资用品、生活用品、稀缺用品等网上金额2万元，线下金额1万元；代理办理工商业务、电信业务、产权业务等300多次，涉及金额共3.5万元。

（三）开展电影下乡活动，丰富群众文化生活

为响应石山镇委镇政府"利用互联网技术，丰富群众文化生活"的号召，落实关于开展电影下乡活动的指示，信息员王圣光牵头以石山互联网农业小镇的名义在昌道村开展地推活动暨电影下乡轮播，推动"互联网＋"在农村真正落地，助力便民服务落到实处、取得实效。地推活动除放映电影外，还有商品促销以及其他代卖、代买、代办活动，活动有效助力村级服务中心便民服务站走进群众心中，在王圣光信息员的有序组织下，电影轮播活动开展顺利，获得村民的一致好评。

三、个人贡献

我在做好自身岗位的同时，努力拓宽"代卖、代买、代办"三大惠民服务的业务范围和服务标准。我为昌道村的发展提出了多个有建设性的规划方向，其中将超市（利民便民）、营业厅（代卖、代买、代办）、茶水休闲间（休闲娱乐）、游客质询中心等结合起来，这一思路得到了村民的认可，不仅有效地提高村民生活质量，还为游客、领导了解昌道村基本信息提供了便捷入口。

我还借助"互联网＋"力量服务于村民、村庄，让村民亲身体会到"互联网＋"带来的福利，也将昌道村打造成建新村委会最具特色的村级服务点！我是城乡联动、融合发展的带动者，是社会和谐、向上发展的助力者。

重庆市江津区河坝社区西湖镇益农信息社
袁增凤信息员的典型事例

一、基本情况

为进一步探索"互联网＋"农村新模式，积极回引外出务工优秀人才，助推脱贫攻坚，推动乡村振兴战略。2015年10月在政府的大力引导、支持下，袁增凤成为重庆市江津区西湖镇河坝社区西湖镇益农社信息员，致力于带动返乡青年再创业、推广本土优质农副产品外销、提供便民办事服务、培训农村创业致富能手等工作，通过多形式推动"互联网＋"进村入户。在2018年在南京，她的事迹被农业农村部授予"益农信息社百佳案例"等荣誉称号。

二、服务情况

河坝社区益农信息社，位于西湖镇迎宾街临街门市。站点负责人袁增凤，驻站农技技术员喻斌。站点农产品展示及益农信息社服务面积70米^2，有立体触摸屏2台、电脑4台，帮助村民代买代卖、网上开店、农技咨询、生活服务、农产品快递包装及发货等公益活动。每年从本站点销售发货的农产品达到100万元。该站点积极开展四项服务，包括发放农技知识传单、提供农技咨询、免费借阅书籍以及提供免费电话咨询。该服务站为解决当地农产品销售问题，还常年收购各种农产品，为村民提供各种农产品快递包装，实现了农产品电子商务。2018年6月27日，该信息社在重庆主城渝北区建立了线下实体店。每天都将在当地收购的各种农产品配送到重庆主城，实体店的成立缩短了以前重庆主城在网上平台购买新鲜农产品的运输时间。以前在网上购买新鲜农产品从西湖镇发货，至少需要3天主城的顾客才能收到货。实体体验店开业后，顾客第一天下单，第二天便可收到新鲜采摘的农产品了。从6月27日至9月底，该店销售农产品的收益达10万元。该服务站还在微店、淘宝、富硒网、渝益农开展B2C模式；在有赞商城、阿里巴巴采用了B2B模式。服务站还有消费品下乡实体店体验，共帮助村民购买消费品价值8千万元。

该服务站常年不定期组织网上开店培训学习100余次及到店咨询实践活动，带动更多村民投身于农产品电商之中。教会村民如何在网上购物、分辨诈骗信息、网上购物如何维权以及如何退换货等，共培训网购人员2 000余人，网购的村民平均年龄48岁；开展网上开店培训业务共计300余人，其中有20余人已经成功学会了网上开店并有了销售业绩。

三、个人心得

在每天忙碌的生活中，看到本地农产品得到顾客的认可就是我最大的快乐！我感到一切的努力都是值得的。目前，我们在农产品的活体快递包装及运输上还没有实现，农产品快递费还偏高，不能实现浙江一带快递发货的价格。我知道自己做得还不够，下一步我准备把已经学会做电商的20多名村民组织起来，每年再发展最少50名村民加入网上销售农产品的行业。希望以后益农信息社能给当地村民提供更多的服务。

重庆市荣昌区清流镇马草村
益农信息社秦兆华信息员的典型事例

一、基本情况

秦兆华负责的重庆市荣昌区清流镇马草村益农信息社成立于2016年8月。该社成立以来，秉承"服务三农、资源共享、共同发展"理念，以"便民、利民、富民"为目标，积极开展公益、便民、农产品电子商务和培训体验四大服务，着力推进"信息精准到户、服务方便到家"，已成为农民群众之家，彰显了"互联网＋"益农信息社的效果，形成了信息社和农户双赢格局。2017年被农业部授予全国"益农信息社百佳案例"荣誉称号。

二、服务情况

（一）信息服务功能齐全

益农信息社设施设备齐全，服务功能比较完善，拥有公益便民服务室60米²、农产品电商展示展销室120米²、办公室60米²，电脑6台、投影仪1台、信息服务一体机1台、咨询服务电话2部，开设信息电商平台3个、信息服务人员12人（其中农技服务专家6人），建农产品仓库1 000米²，为保障公益、便民、农产品电子商务和培训体验四大服务落地打下了坚实基础。

（二）公益服务效果显著

建立了信息服务台账和农产品信息数据库，对接贫困农户100余户，点对点开展服务指导。一年来，围绕本镇特色产业发展、精准扶贫和农民增收，聘请市、区农技专家开展培训服务8场次，发布法律法规、惠民政策、农产品市场、种植技术等信息500余条，帮助农户解决技术难题5项，本村农信服务覆盖率达到70%，月提供信息咨询服务100余人次，受益农户户均增收1 000元以上，当地群众高度称赞，满意率90%以上。

（三）便民服务开展良好

以益农信息社为骨干，整合党建、商务、供销、邮政、农行、村委会等单位资源，充分发挥主渠道引领作用，共同推进便民服务。两年来，为当地村民提供代缴代存、代购代买、代收代发，小额取现等增值服务1 000余笔，代办代购交易额100余万元。方便了群众，增加了收入。

（四）电子商务成效明显

依托"巴味渝珍""清流河边"、微商等网络平台，开设农产品网店3个，以订单销售方式与贫困农户结成利益联结机制，着力推进农产品网上销售。按照"生产有规程，质量有标准，产品有标志，市场有监测"的要求，建立无公害农产品基地1 200亩，积极应用市农产品质量安全追溯系统和"二维码"技术，以"香海棠"公用品牌为引领，开展质量溯源，保障网货质量。一年来，益农信息社实现网上直销农产品2大类10余个产品，销售额200余万元。初步解决了农产品上行"最后一公里"的问题，进一步推动了特色产业发展，加快了农民增收脱贫。

（五）孵化示范起色较大

围绕打造全区信息服务"第一村"的目标，按照传、帮、带的"保姆式"，帮助返乡农民工、留守青年、种养农户实施创业行动，组织开展农业绿色种养殖、店铺开设、电商运营、增值服务等培训，提升信息社的影响力和凝聚力。成立以来，开展孵化培训10余次，培训

200人次，接待市、区内前来学习参观的人员500余人次，扶持创业农民和大学生5人，孵化村级益农信息社和农村电商4家。

三、个人心得

通过服务益农信息社的工作，我对互联网技术的运用技能增强了，对市场营销的渠道进一步拓宽了，为柑橘产业及便民服务的也能力增强了。我感到目前的困难是，高额的物流成本制约了农副产品的上行，增加了益农信息社的成本；营销渠道还不够宽。下一步我会继续在拓宽营销渠道、进一步树立品牌和降低物流成本方面做努力。

重庆市荣昌区通安村益农信息社
王圆元信息员的典型事例

一、基本情况

王圆元负责的重庆市荣昌区通安村益农信息社，是在便民服务中心标准化建设的基础上，以"信息进村入户"为目标，以"在村头"电商平台为载体，按照农业农村部"六有"标准建设的标准型信息服务站，为农民提供"家门口"的一站式服务，解决农业信息化"最后一公里"问题。2017年11月，通安村益农信息社荣幸入选农业部信息进村入户工程"益农信息社百佳案例"。

二、服务情况

通安村益农信息社长期以来主要围绕以下三方面开展工作：

一是完善基础设施。益农信息社设施设备齐全，服务功能比较完善，拥有公益便民服务室50米²、农产品及日用百货展销室20米²、培训体验室130米²、志愿者服务站20米²、电脑2台、投影仪1台、咨询服务电话2部、真空包装机2台、冰柜1台、物流二轮电动车和三轮电动车各1辆，专职信息管理员1人（大学生村官），为保障公益、便民、农产品电子商务和培训体验四大服务落地打下了坚实基础。

二是完善网络建设。通安益农信息社建设以农民需求为导向，既提供生产经营、市场供求等公益性服务，又提供农产品销售、农资和生活用品代购、小额贷款、代缴费等便民服务，还为农民提供电子商务服务。依托"在村头"平台开发了益农信息社服务系统，设有种养技术、价格行情、小额贷款、用工信息、电子商务服务等20个功能板块，深受农民欢迎。

三是强化了公益服务。利用"12316"短信服务系统和惠农公司服务平台开展咨询服务。同时聘请了"12316"后台专家、市农科院专家等进行现场指导，使农民随时通过终端机，获得农业生产所需的服务。

通安村大学生村官王圆元，自2016年10月到岗后，就接手了通安村益农信息社的工作，成为了益农信息社管理员。两年以来，她牵头主持累计为村民提供政策法规、惠农政策、农业技术等公益便民服务查询5 000余人次，"12316"专家热线700余次，通过"在村头"讲堂开展技术培训50余次，解决农业生产生活疑难问题200余件，代缴各类话费、水费、电费等10余万元，农业信息发布500余条，帮助培训信息员300余人次，带动农民参与体验2 000余人次，利用"在村头"电商平台帮助群众销售农特产品100余万元。真正让群众体会到了益农信息社带来的便利。2017年年底，安富街道农业服务中心工作人员随机采访了30名接受过通安村益农信息社服务的群众，征求服务反馈意见，群众评价满意率100%，这对王圆元来说也是极大的认可和鼓励。

三、个人心得

益农信息社的工作都直接与群众面对面打交道，经过两年基层工作的锤炼，我已经慢慢地融入到了基层干部和群众当中，无论在工作、学习、还是生活上都严格要求自己，努力把自己锻炼成一个基础厚、素质高、能力强的大学生村官，用实际行动致力农村基层一线发展建设，不辜负挥洒在农村土地上的青春汗水，让青春在田野上放飞。我对自己的未来充满了信心。

重庆市城口县沿河乡红岩村
益农信息社王辉信息员的典型事例

一、基本情况

信息化是当今时代发展的大趋势，偏远乡村将随着"互联网＋"不再变得封闭。2018年7月，成立了重庆市城口县沿河乡红岩村益农信息社，8月正式运行。本着为农民服务的理念，围绕"公益服务、便民服务、电商服务、培训体验"四大服务内容，利用信息化平台更好地将服务拓展延伸，利用平台功能为乡村父老带来更多便利，共同推信息进村入户，助力乡村振兴。

二、服务情况

城口县素有"九山半水半分田"之称，红岩村亦处于偏远山区，山里的人民勤劳，民风淳朴，农民自己开垦山地，种在山里的庄稼都用的都是农家肥。这么好的蔬菜和山野菜却因为地方偏远，卖不出好价格。作为村里为数不多的年轻人，信息员王辉真心体验到山里人的辛劳酸苦，想尽自己的微薄之力为乡亲父老服务。在建设益农信息社之前，他就利用微信和自己的人脉，帮助山里老百姓卖农产品花菇、木耳、干竹笋、野生天麻等，带动了328户贫困户，收入好的农民一年能赚上万元钱。这让他与乡亲们建立了很深厚的感情。

如今在政府的大力支持下建立了红岩村益农信息社，王辉可以更快地带领328户贫困户脱贫。益农信息社的建立无疑打通了农产品上行"最后一公里"的问题。在短短3个多月间，王辉挨个向父老乡亲们介绍益农信息社的服务，现在红岩村老老小小2 000多人都对益农信息社有了初步了解。他还组织父老乡亲观看渝益农APP上面的农业技术培训视频5次，得到了乡亲们的一致好评。帮助村民在渝益农上面找工作15次，讲解惠民政策6次，帮助出去务工、返乡农民买车票共计36次，帮助进城看病农民网上挂号5次。他还时常有乡亲让我在渝益农上查看农产品市场行情，及时让他们知道农产品的市场价格，这些服务都是免费为老百姓服务，虽然很忙，但他自己也乐在其中。

现在王辉的门店因为益农信息站的建立变得特别热闹，下一步他还会把贫困户的产品都放到益农信息站进行销售，相信通过互联网的功能，大山里的农产品不会再无人问津。

三、个人心得

农业农村信息化迈出新一步，信息进村入户的新模式在乡村大地全面展开，益农信息进村入户工程为我们山里老百姓带来了很多便捷。通过开展农业公益服务、便民服务、电子商务服务、培训体验服务提高农民的现代信息技术应用水平，红岩村村民解决了农业生产上产前、产中、产后问题和日常健康生活等问题。未来我们将实现普通农户不出村、新型农业经营主体不出户就可享受到便捷、经济、高效的生活信息服务。我将以更加饱满的热情投入到益农信息站的建设中去，助力山里的父老乡亲都过上美好生活。

重庆市石柱县大歇镇双会村益农信息社
向学明信息员的典型事例

一、基本情况

向学明负责的重庆市石柱县大歇镇双会村益农信息社成立于2016年7月。该社成立以来，秉承"服务'三农'、资源共享、共同发展"理念，以"便民、利民、富民"为目标，积极开展公益、便民、农产品电子商务和培训体验四大服务，着力推进"信息精准到户、服务方便到家"，已成为农民群众之家，彰显了"互联网＋"益农信息社的效果，形成了信息社和农户双赢格局。2017年该信息社建立运营实例被农业部授予全国"益农信息社百佳案例"荣誉称号。

二、服务情况

（一）信息服务功能齐全

益农信息社设施设备齐全，服务功能比较完善，拥有公益便民服务室20米^2、农产品电商展示展销室100米^2、培训体验室100米^2、办公室50米^2、电脑12台、投影仪1台、信息服务一体机1台、存取款设备2套、咨询服务电话2部、开设信息电商平台5个，信息服务人员8人（其中农技服务专家3人）；建农产品仓库800米^2，冷冻（藏）库160米^2。为保障公益、便民、农产品电子商务和培训体验四大服务落地服务打下了坚实基础。

（二）公益服务效果显著

依托本县"源味石柱"平台、"12316"、信息服务台账和农产品信息数据库，对接贫困农户137户，点对点开展服务指导。一年来，围绕本镇特色产业发展、精准扶贫和农民增收，聘请县、镇农技专家开展培训服务13场次，发布法律法规、惠民政策、农产品市场、种植养殖技术等信息900余条，帮助农户解决技术难题12项，本村农信服务覆盖率达到60%，月提供信息咨询服务200余人次，受益农户户均增收110元以上，当地群众高度称赞，满意率90%以上。

（三）便民服务开展良好

以益农信息社为骨干，整合党建、商务、供销、邮政、农行、村委会等单位资源，充分发挥主渠道引领作用，共同推进便民服务。两年来，为当地村民提供代缴代存、代购代买、代收代发，小额取现等增值服务1 500余笔，代办代购交易额180余万元。方便了群众，增加了收入。

（四）电子商务成效明显

依托淘宝网、邮乐网、拼多多和市内互联网平台，开设农产品网店5个，以订单销售方式与贫困农户结成利益联结机制，着力推进农产品网上销售。按照"生产有规程，质量有标准，产品有标志，市场有监测"的要求，建立无公害农产品基地500亩，积极应用市农产品质量安全追溯系统和二维码技术，以"源味石柱"公用品牌为引领，开展质量溯源，保障网货质量。一年来，益农信息社实现网上直销农产品12类80余个产品，销售额120余万元，其中帮助112户农户（其中贫困户25户）销售农产品25万余元，农户户均收入2 200元。初步解决了农产品上行"一公里"的问题，进一步推动了特色产业发展，加快了农民增收脱贫。

（五）孵化示范起色较大

围绕打造全县信息服务"第一村"的目标，按照传、帮、带的

"保姆式"方式，帮助返乡农民工、留守青年、种养农户实施创业行动，组织开展农业绿色种植养殖、店铺开设、电商运营、增值服务等培训，提升信息社的影响力和凝聚力。成立以来，开展孵化培训20余次，培训400人次，接待县内外前来学习参观的人员250余人次，扶持创业农民和大学生12人，孵化村级益农信息社和农村电商14家。

三、个人心得

在担任益农信息员期间，我对农户生产生活需求的了解，常遇到很多不了解的农业知识，在帮助解决问题的同时，也让自己拓宽了相关专业知识面，收益颇丰。下一步计划在2019年帮助10农户做成种植专业户（种植百香果），年收入达1.5万元以上，做成示范带动效应。

四川省彭州市银定村益农信息社
李月信息员的典型事例

一、基本情况

为进一步探索"互联网＋"农村新模式，积极吸引外出务工优秀人才回乡创业，助推脱贫攻坚，推动乡村振兴战略。在彭州市农发局和军乐镇人民政府的指导下，李月被聘为四川省彭州市军乐镇银定村益农社信息员，致力于带动返乡青年再创业、拓展本土优质农副产品外销、为村民提供便民办事服务，通过多种形式推动"互联网＋"进村入户。

二、服务情况

(一)用"活"益农社，服务村民

军乐镇银定村益农社位于银定新区内，设施设备齐全，服务功能比较完善，拥有服务室50米^2，分为农产品电商展示区、便民生活服务区、医疗问诊区，为服务群众打下了坚实基础。自银定村益农社成立以来，信息员李月始终心系群众，用实实在在的行动去服务群众，联系成都市青羊殊德中西医门诊部到银定村为村民开展医疗义诊活动，受益村民（贫困户、老年人）达300余人次；通过互联网络远程医疗平台与四川省人民医院专家对接，为广大群众进行远程医疗义诊。同时，李月积极为广大群众提供电话费、电费、水费、气费的缴费和农副产品代销等便民服务。截至目前，已累计服务群众约2 100

人次，让群众体会到了益农信息社带来的便利。

（二）挖掘本土优质农副产品，助农增收

经过多次深入走访调查本村农户家庭，李月发现大多数留守老人都喂养了土鸡，主要靠邻里卖、路边卖、论个卖，经济效益不明显。在经过深思后，李月产生了帮助留守老人销售土鸡蛋的念头，创建了本村公益经济品牌——窝窝蛋，带动户农户养殖土鸡。品牌建立后，大学生志愿者亲自到留守老人家中以高价收购土鸡蛋，再统一包装，搭建网络平台，采取线上线下销售模式，将新鲜、正宗、绿色的土鸡蛋销到外地，带动83户农户养殖土鸡，2018年4月至今，"窝窝蛋"销售额达3.23万元。这样既解决了留守老人卖土鸡蛋难的问题，又帮助他们，拓宽了鸡蛋销售渠道，增加了收入。

三、个人心得

益农信息社的建立既方便了群众，又加深了干群感情，尽管在工作中存在一定的困难，但我会努力迎难而上，攻坚克难，更好地为村民服务。

四川省广元市昭化区明觉镇帽壳村益农信息社
王奕秀信息员的典型事例

一、基本情况

为积极响应国家大力发展电子商务的号召，积极探索"互联网＋"三农新模式，助推脱贫攻坚，推动乡村振兴战略在明觉开花结果。2017年10月，在明觉镇政府的大力引导、支持下，王奕秀成为四川省广元市昭化区明觉镇帽壳村益农社信息员，积极推动"互联网＋"进村入户，推动电子商务发展，将更多的优质农产品销往全国各地，带领乡亲们致富奔康，带领更多的有志青年创新创业。

二、服务情况

孜孜不倦，潜心学习，从一名"门外汉"变为村里的"土专家"。在带领村民发展产业脱贫致富的过程中，为了解决农户市场经营信息不畅、农产品销售难等问题，王奕秀不分白天黑夜地给自己"充电"，她深知自己的基础差、底子薄，先后阅读相关书籍10余本，向专家、能人学习，在短短数月内掌握了益农社发展的基本知识，在市县农业、电信和当地党委政府大力支持培训下益农社正常营运。为了让大家了解益农信息社的功能和作用，王奕秀总是不辞辛劳地参加每个社的社员会，广泛宣传信息技术和网络物流等相关知识；不分日夜地入户动员，为群众解心结、明道理。经过3个月的辛勤付出，全村80%的农户自愿加入了益农信息社。

开拓进取，不胜不休，实现了从一无所有到全面开花的华丽转身。有了稳定的生产者和货源后，王奕秀马不停蹄地了解市场和客户需求，并结合本地农产品的品种、品质、生产能力等因素，深入分析，综合评估，科学制定了产品营销方案、农产品质量标准等一系列行之有效的产品生产、管理制度。不仅如此，为了确保消费者和养殖户的利益，王奕秀与农技员一道顶着烈日、冒着风雪，挨家挨户宣传农产品质量相关知识、种养殖技术标准，深入养殖场现场检验产品质量。同时，还没日没夜地为销售渠道而奔波，最终建立起了由4家电商平台和省内外30多家经销商组成的销售网络，给所有的养殖户吃下了一颗"定心丸"。经过王奕秀的不懈努力，益农信息社通过网络平台成功销售土鸡蛋20多万枚、土鸡3 000多只，直销土鸡蛋50多万枚、土鸡30多万羽，实现销售额2 000多万元，带动300余户农户养殖剑门关土鸡，户均实现产值7万多元，全村47户建档立卡贫困户全部脱贫。销售的产品无一例退货和差评，一跃成为"互联网＋"的时代明星，并探索出了一条符合本地实际的电子商务发展之路。

三、个人心得

我的工作得到当地群众的好评和各级领导的好评。帽壳村益农信息社被评为四川省省级标杆，我本人被评为四川省省级优秀信息员，并和副省长尧斯丹视频通话交流经验，其示范带动作用也被《人民日报》头版头条报道。

四川省内江市资中县银山镇老场村
益农信息社吴冬莲信息员的典型事例

一、基本情况

吴冬莲负责的四川省内江市资中县银山镇老场村益农信息社成立于2017年7月。该社成立以来，秉承"服务三农、资源共享、共同发展"理念，以"便民、利民、富民"为目标，积极开展公益、便民、农产品电子商务和培训体验四大服务，着力推进"信息精准到户、服务方便到家"，已成为农民群众之家，彰显了"互联网＋"益农信息社的效果，形成了信息社和农户双赢格局。

二、服务情况

（一）信息服务功能齐全

益农信息社设施设备齐全，服务功能比较完善，拥有公益便民服务室20米²、信息服务一体机1台、存取款设备2套、咨询服务电话1部，开设信息电商平台1个，信息服务人员1人。为保障公益、便民、农产品电子商务和培训体验四大服务落地打下了坚实基础。

（二）便民服务开展良好

以益农信息社为骨干，整合党建、商务、供销、邮政、农行、村委会等单位资源，充分发挥主渠道引领作用，共同推进便民服务。两年来，为当地村民提供代缴代存、代购代买、代收代发，小额取现等，方便了群众，增加了收入。

三、个人心得

益农信息社的设立方便了群众，也增进了干群感情。几年来，我一直从事益农信息社各项工作，虽然很辛苦，但各级领导对我高度认可，深受群众好评，群众满意度也非常高。

四川省乐山市犍为县观音寺社区山民东东益农信息社杨玉兵信息员的典型事例

一、基本情况

为进一步探索"互联网＋"农村新模式，积极回引外出务工优秀人才，助推脱贫攻坚，推动乡村振兴战略。2017年5月，在政府的大力引导、支持下，杨玉兵主动牵头成立了集公益服务、便民服务、电商服务、培训体验为一体的犍为县观音寺社区山民东东益农社，成为一名益农社信息员，致力于带动返乡青年再创业、推广本土优质农副产品外销、提供便民办事服务、培训农村创业致富能手等工作，通过多种形式推动"互联网＋"进村入户。

二、服务情况

山民东东益农社成立以来，始终心系百姓，用实实在在的行动去关爱帮助困难群众，先后组织开展公益活动4次，邀请贫困户及老年人累计1 104人次参加医疗义诊活动；并通过互联网络远程医疗平台与四川省人民医院专家对接，为广大群众进行远程医疗义诊。同时，积极为广大群众提供互联网商品代购、快递代收代发、农资农具代购、生活缴费等便民服务，截至目前，已累计服务群众约3 400余人次，真正让群众体会到了益农信息社带来的便利。

积极探索"互联网＋精准扶贫"模式下的农村电商发展。为解决当前贫困户农副产品销售难的问题，杨玉兵三天两头下村入户，收集相关素材，注册"山民东东"微信公众号，搭建微信商城，通过线上线下相结合，包装推广本地贫困户家中优质家副产品。2017年，沙咀村2组贫困户李成田因妻子患癌症，刚做完手术需要长期化疗及贴身照顾，经济上遇到困难；又因儿子远在他乡务工，地里的一片生态翠红李无人销售，导致2 000多斤李子滞销。发现这个情况后，山民东东益农社马上收集素材，在其公众号发表文章《寻找一缕生命的阳光》，不到一周时间2 000多斤李子就被爱心人士抢购一空。为了进一步帮助贫困户，杨玉兵积极联系当地企业深入贫困户家中，开展多种形式下的主题活动共计7次，既增强了企业的社会责任感，又带动了贫困户增收致富。益农社成立以来，先后通过线上线下相结合的方式为37户贫困户销售土鸡、粮食土猪、水果等农副产品，销售额约41.5万元，贫困户人均纯收入增长约375元。

创新思维，积极探索，带领更多返乡青年用双手实现乡村振兴战略梦。在杨玉兵的苦心经营下，益农社始终秉资源共享、信息共享、平台共享的原则，积极邀请返乡青年参与"互联网＋"形式下的乡村振兴发展，组织开展了以网络营销、产品包装推广、活动策划等主题的培训106人次，先后推动5名优秀青年实现土地流转并成立家庭农场；推荐6名优秀青年担任村级益农社信息员；与39人达成信息收集合作协议。通过培训，山民东东益农社凝聚和巩固了人才储备，为实现乡村振兴战略提供了有力的支撑。

三、个人心得

从事益农信息员以来，我热心介绍益农社的各项功能和作用，积极为广大群众提供互联网商品代购、快递代收代发、农资农具代购、生活缴费等便民服务，截至目前，已累计服务群众约3 400余人次。积极协调当地企事业单位下村入户，开展丰富多彩的农耕体验式活动，围绕贫困户脱贫致富做文章，进一步增强企事业单位员工的社会责任感，又通过在家门口销售农产品让更多的贫困群众得到实惠。真正让更多群众体会到益农社带来的实惠和便利，同时也真正发挥好了益农服务。山民东东益农社在前期的工作中取得了一定的成绩，得到了很多老百姓的认可，同时也得到了上级政府的鼓励支持。

下一步我将更加努力地去做好益农服务工作，也希望上级政府能加大扶持力度，加强经济待遇，为益农信息员解除后顾之忧，充分发挥益农服务的功能，进一步增强信息员扎根农村、服务群众的信念。

四川省眉山市丹棱县杨场镇狮子村益农信息社
李雪信息员的典型事例

一、基本情况

李雪负责的四川省丹棱县杨场镇狮子村益农信息社成立于2017年12月。该社成立以来，秉承"服务'三农'、资源共享、共同发展"理念，以"便民、利民、富民"为目标，积极开展公益、便民、农产品电子商务和培训体验四大服务，着力推进"信息精准到户、服务方便到家"。目前，信息社已成为农民群众之家，彰显了"互联网＋"益农信息社的效果，形成了信息社和农户双赢格局。

二、服务情况

（一）信息服务功能齐全

益农信息社设施设备齐全，服务功能比较完善，拥有公益便民服务室20米²、农产品电商展示展销室60米²、培训体验室80米²、办公室30米²，电脑2台、投影仪1台、存取款设备2套、咨询服务电话1部，信息服务人员3人（其中农技服务专家1人）；提供农产品冷冻（藏）库160米²。为保障公益、便民、农产品电子商务和培训体验四大服务落地服务打下了坚实基础。

（二）公益服务效果显著

一年来，围绕本镇特色产业发展、精准扶贫和农民增收，聘请县、镇农技专家开展"农民夜校"培训服务11场次，发布法律法规、惠民政策、农产品市场、种植养殖技术等信息100余条，帮助农户解决技术难题12项，本村农信服务覆盖率达到80%，月提供信息咨询服务200余人次，受益农户户均增收100元以上，当地群众高度称赞，满意率90%以上。

（三）便民服务开展良好

以益农信息社为骨干，整合党建、商务、供销、邮政、农行、村委会等单位资源，充分发挥主渠道引领作用，共同推进便民服务。一年来，为当地村民提供代缴代存、代购代买、代收代发，小额取现等增值服务1 500余笔，代办代购交易额80余万元，方便了群众，增加了收入。

（四）电子商务成效明显

依托丹棱电子商务协会，以订单销售方式与贫困农户结成利益联结机制，着力推进农产品网上销售。按照"生产有规程，质量有标准，产品有标志，市场有监测"的要求，建立绿色食品基地200余亩，积极应用市农产品质量安全追溯系统，开展质量溯源，保障网货质量。一年来，益农信息社实现网上直销农产品10余个产品，销售额20余万元，其中帮助200户农户（其中贫困户28户）销售农产品10万余元，农户户均增收500元。初步解决了农产品上行"一公里"的问题，进一步推动了特色产业发展，加快了农民增收脱贫。

（五）示范起色较大

围绕打造全县信息服务"第一村"的目标，组织开展农业绿色种植养殖、电商运营、增值服务等培训，提升信息社的影响力和凝聚力。成立以来，开展服务培训10余次，培训400人次，接待县内外前来学习参观的人员500余人次。

三、个人心得

益农信息社的建立服务了群众，方便了群众。一年来，我一直从事益农信息社各项工作，虽然很辛苦，但各级领导对我高度认可，深受群众好评，群众满意度也非常高。我将继续保持这份热情，更好地开展益农信息社的工作。

贵州省贵阳市息烽县青山苗族乡大林村益农信息社陈章均信息员的典型事例

一、基本情况

为进一步探索"互联网＋"农村新模式，促进农业转型升级，助推脱贫攻坚，推动乡村振兴战略。2016年9月，在政府的大力引导、支持下，陈章均同志成为贵州省息烽县青山苗族乡大林村益农社信息员，致力于传帮带指导农民开展农业生产，推广本土优质农副产品外销、提供便民办事服务、培训农村创业致富能手等工作，通过多种形式推动"互联网＋"进村入户。

二、服务情况

大林村益农信息社成立以来，信息员陈章均同志始终心系百姓，用实实在在的行动去关爱帮助困难群众。他白天进村入户开展现场服务，晚上通过互联网、微信公众号、微信群等媒介发布各类信息，指导全村农业生产活动，同时帮助群众开展水电、话费、合医费等代缴服务，及时帮助群众解决生产生活困难。

积极探索和运用"互联网＋"精准扶贫的农村电商发展模式，进一步丰富和拓宽解决村民群众特别是贫困户农副产品销售难的问题。作为大林村信息员，陈章均同志尽职尽责，不断走访入户，收集相关素材，搭建微信商城，包装推广本地农户家中的优质家副产品。2018年，陈章均同志通过联系该村驻村工作组，对接县供销社电商服务中心，解决了该村种植的数十万斤莲花白滞销的问题；为帮助村里贫困户解决实际困难，他积极对接、多方联系邀请县里部分企业和产业专家等、组织村民代表、致富带头人以及部分贫困户开展刺梨种植、脆红李种植等相关培训。此举既增强了广大村民的发展信心，又带动了贫困户积极主动增收致富。自大林村益农社成立以来，陈章均同志为大林村群众累计销售各类农产品（土鸡、山鸡、土鸡蛋、生猪、蔬菜、水果等农副产品）达200余万元。

创新思维，积极探索，带领更多返乡青年用双手实现乡村振兴战略梦。大林村益农社坚持资源共享、信息共享、平台共享的原则，积极邀请返乡青年参与"互联网＋"形式下的乡村振兴发展，不断凝聚和巩固大林益农社人才储备，为实现乡村振兴战略提供有力支撑。

（一）信息服务功能齐全

益农信息社设施设备齐全，服务功能进一步完善，新建公益便民服务室、农产品电商展示展销室45米²、培训体验室80米²、办公室25米²、电脑5台、投影仪1台、信息服务一体机1台、咨询服务电话2部、开设信息电商平台3个，专职信息员1人。为保障公益、便民、农产品电子商务和培训体验四大服务落地服务打下了坚实基础。

（二）公益服务效果显著

依托本省"信息进村入户综合服务平台"和"12316"信息服务平台，建立了信息服务村级页面，围绕本村农业产业结构调整、特色产业发展、精准扶贫和农民增收等工作，2018年，通过平台共发布法律法规、惠民政策、农产品市场、种植养殖技术等信息80余条，帮助广大群众解决种养殖等方面难题，本村农信服务覆盖率达到90%，满意率达90%以上。

（三）便民服务开展良好

以益农信息社为平台，整合党建、供销、邮政、农行、村委会等单位资源，充分发挥主渠道引领作用，共同推进便民服务。两年来，为当地村民提供代缴代存、代购代买、代收代发，小额取现等增值服务300余笔，代办代购交易额1.3万元。既方便了群众，还增加了收入。

（四）电子商务成效明显

着力依托淘宝网网络平台，开设农产品网店2个，以订单销售方式与贫困农户结成利益联结机制，着力推进农产品网上销售。按照"生产有规程，质量有标准，产品有标志，市场有监测"的要求，建立无公害农产品基地1 000余亩。一年来，大林村益农信息社实现网上直销鸡蛋、猕猴桃、皇室贡米等农产品，销售额10余万元，直接帮助100余户农户（其中贫困户25户）销售农产品2.5万余元，每家农户均收入200余元。初步解决了农产品上行"最后一公里"的问题，进一步推动了特色产业发展，加快了农民增收脱贫。

（五）服务示范起色较大

围绕打造全县信息服务"示范村"的目标，以"保姆式"的服务理念，帮助返乡农民工、留守青年、种养殖农户实施创业行动结合农业产业结构调整，组织开展农业绿色种植养殖、店铺开设、电商运营、增值服务等培训，提升信息社的影响力和凝聚力。目前，开展各类针对性培训活动15次，培训群众300人次。

三、个人心得

本人从事村级信息员以来，一直致力于传帮带指导农民开展农业生产、推广本土优质农副产品外销、提供便民办事服务、培训农村创业致富能手等工作，通过多种形式推动"互联网＋"进村入户。大林村益农信息社的设立，方便了群众，也融洽了干群关系。尽管在具体工作中，也存在诸多困难，但我能够在自己的努力付出中，得到群众的肯定，这就是我必须更加努力工作、不断改进工作方法的最大动力。

云南省昆明市石林彝族自治县五棵树村益农信息社娄金宏信息员的典型事例

一、基本情况

2016年，在政府的大力引导和支持下，五棵树村建立了益农信息社，致力于带动返乡青年再创业、推广本土优质农副产品外销、提供便民办事服务、培训农村创业致富能手等工作。通过益农信息社与党建云岭先锋综合服务平台协同运营，信息社具备"有场所、有人员、有设备、有网络、有网页、有可持续运营能力"的"六有"建设标准，为村民打造了一站式便民服务窗口。通过选聘，娄金宏成为益农信息社信息员，认真履行信息员管理办法，遵守相关的法律法规，积极主动服务"三农"工作。

二、服务情况

2016—2017年，随着石林景区旅游秩序的整治以及景区旅游人数的下跌，五棵树村千亩生态果园产出的果品开始滞销，销量不足原来的1/5，加之周边果品大量上市，收购价格一直下跌，绝大多数水果烂在地里，导致当年村集体经济损失50余万元。面对村里千亩水果无销路难题，娄金宏作为信息员积极主动寻找出路，通过自学电子商务，借助益农信息社"12316"'三农'综合信息服务平台进行大力宣传和线上销售，吸引来景区游玩的旅客到果园自由采摘水果；开办农家乐，延伸产业链，提升农业产值，促进一二三产业交叉融合发展，每年为村里带来百万元的收入。2017年，五棵树村投入50余万元建成200米^{2}的电子商务体验馆。

益农信息社建设以来，五棵树村益农社为游客提供咨询、调解纠纷等服务350余人次，有效提高了游客游玩的满意度；组织村民开展商品营业技能、中式烹调师等技能培训2期，帮助提升村民技能水平，拓宽就业渠道；通过短信、微信、QQ交流等方式为村民提供各种在线咨询服务，解决了村民各种信息需求；2018年国庆、中秋"两节"期间，通过"云农12316"三农综合信息服务平台大力宣传，吸引大量海内外游客前来观看彝族斗年、摔跤，体验羊汤锅长街宴、天天火把节等撒尼特色文化产品，12家彝族撒尼特色客栈爆满，共接待游客5.7万人，同比增长171.54%。

三、个人心得

益农信息社为五棵树村民解决了农民生产生活信息需求，推动了农业产业发展，实现了农民增收致富。下一步，五棵树村将继续打造集现场采摘、观光、餐饮、住宿、徒步为一体的示范基地，打造"生态农业＋线上下单＋配送＋线下采摘体验＋生态旅游"的示范基地，带动村民就业以及村集体经济发展。

云南省玉溪市红塔区小石桥乡玉苗村
益农信息社韩秀霞信息员的典型事例

一、基本情况

随着红塔区信息进村入户工程的整区推进，全区农村信息化的普及又提高了一个层次。而工作开展得成功与否，信息员在其中充当一个比较重要的角色。2017年8月，在政府的大力引导、支持下，作为玉苗村委会副书记的韩秀霞成为云南省玉溪市红塔区小石桥乡玉苗村益农社信息员。她致力于为村民提供公益服务、便民服务、培训体验服务，带动本村优质农副产品走出去等工作，通过多种形式推动信息进村入户。

二、服务情况

玉苗村委会是红塔区的一个山区民族村委会。自玉苗村益农社成立以来，韩秀霞立足山区信息闭塞的实际，根据玉苗村委会"三农"发展需求，不断加强与区、乡相关部门、相关单位的沟通联系，加大各类涉农服务资源的聚集力度，积极服务农户和新型农业经营主体，将政务服务、民务服务、商务服务延伸到村，一年来累计服务农户3 000多人次。真正让群众体会到益农信息社带来的便利。

韩秀霞主动承担"云农12316"手机APP宣传、推广、应用指导服务，向农户培训、安装、推广使用"云农12316三农综合信息服务平台"手机APP客户端。并结合"云农12316"三农综合信息服务平台和自己运营的58同镇小石桥乡站平台，积极开展工作，为村民上传、下载、发布供求信息、专家咨询、劳动招聘、市场行情等信息几百条，使村民能够及时、便捷地获取有价值的信息，促进该村的经济发展。特别是在促进劳动力转移就业、助推农副产品销售和提高农户种养水平等方面，发挥了积极的作用。有一次，该村二组的支部书记胡林松向韩秀霞反映，他所种植的烤烟不知什么原因叶子斑点特别多而且逐渐变黄，像传染病一样蔓延开来，令他感到手足无措。得知情况后，韩秀霞马上深入到田间地头，用手机将烟叶病症拍下来，上传到"云农12316"平台的"专家咨询"栏目，向有关专家反映了这个问题。相关专家在了解问题之后，及时提出了防治方法，韩秀霞第一时间又把专家反馈的意见和方法手把手地教给农户，农户的烤烟病情得到了有效控制，及时挽回了经济损失。

三、个人心得

益农信息社的设立方便了群众，也增进了干群感情。一年来，我一直从事益农信息社各项工作，虽然很辛苦，但各级领导对我高度认可，工作深受群众好评，群众满意度也非常高。小石桥乡属经济相对滞后的纯农业贫困山区，种植、养殖业品种单一，缺少新品种引进及推广。下一步工作中，我将继续依托益农信息社，通过"互联网＋"新业态，学习先进经验，寻找适合本地推广的农产品，打造农村产业多样化、产品规模化，为山区群众发家致富贡献微薄之力。

云南省玉溪市红塔区王棋村晨鼎益农信息社 徐洪云信息员的典型事例

一、基本情况

徐洪云负责的云南省玉溪市红塔区王棋村晨鼎益农信息社，成立于2016年5月。该社建立以来，以玉溪市晨鼎农产品产销专业合作社、玉溪市鸿运蔬菜种植基地、晨鼎小香葱初加工厂、红塔区北城徐洪云农资门市为支撑，按照"信息社＋合作社＋基地＋农产品初加工厂＋农资门市＋葱农"的运作模式，以"服务产业、服务农户、共同发展"为目标，围绕小香葱产业发展及农户增收的需求，充分发挥益农社专业化、综合性服务的特点，多措并举、合作共赢。2017年被农业部授予全国"益农信息社百佳案例"荣誉称号。

二、服务情况

（一）农产品产前市场预警服务作用明显

结合近年来小香葱市场需求情况，为30余户小香葱种植户及时提供了市场预警，由于提供了准确的市场信息，30余户小香葱种植户及时调整种植时间、种植规模，避免了生产经营的盲目性和趋同性，1 500余亩小香葱得到了丰厚的回报，平均亩产值（一茬）达到了8 000元以上。

（二）技物配套服务开展良好

利用经营多年的"红塔区北城徐洪云农资门市"，指导种植户科学购买化肥4 000余吨、高效低毒农药50余吨；利用空闲时间及送农资机会，为250余户种植户解答种植生产中疑难问题20余项，挽回经济损失近千万元；指导、引导小香葱种植户运用黄板、杀虫灯等物理防治害虫面积2 000余亩，配方施肥5 000余亩，使用配方肥500余吨，为种植户降低生产成本及化肥农药零增长作出了应有贡献；利用经营多年的"玉溪鸿运蔬菜种植基地"先进的水肥一体化设施，引导200户种植户使用该套设施，为节水、节肥、增效取到了积极贡献，累计引导使用2万亩以上。

（三）信息服务手段多样便捷

坚持运用现代信息技术、通信技术和传统手段相结合，现场为农户提供信息服务3 000余人次，向农户培训、安装、推广使用"12316"三农综合信息服务平台手机APP客户端，并通过微信、电话、短信等交流方式为农户提供在线服务4 000余人次。

（四）农产品加工、外销服务成效显著

利用经营的晨鼎小香葱初加工厂，两年多来累计收购、初加工、冷链运输小香葱6万余吨，保鲜仓储4 000吨，外销6万余吨，产品主要销往上海、广州、湖南、江苏、四川等地，实现销售收入2.4亿元。

三、个人心得

带动小香葱产业、带动农户发展的同时，作为益农社信息员，我经营的企业业绩逐步攀升，企业规模不断壮大。在下一步工作中，我将进一步加大链接农户、链接生产、链接销售的信息服务力度，助推小香葱生产与大市场的有效对接，促进全区小香葱产业的发展。

云南省文山州砚山县听湖村益农信息社
张廷发信息员的典型事例

　　为进一步探索"互联网＋"农村新模式，积极回引外出务工优秀人才，助推脱贫攻坚，推动乡村振兴战略。2017年9月，在政府的大力引导、支持下，张廷发成为云南省文山州砚山县江那镇听湖村益农社信息员，该社成立以来，秉承"服务三农、资源共享、共同发展"理念，以"便民、利民、富民"为目标，积极开展公益、便民、农产品电子商务和培训体验四大服务，着力推进"信息精准到户、服务方便到家"，已成为农民群众之家，彰显了"互联网＋"益农信息社的效果。

　　作为信息进村入户村级信息员，张廷发对听湖村的广大群众进行大力宣传，让他们知道和掌握"12316"信息服务平台。一是安装注册"12316"APP，使村民们在家拿着手机就能找工作、买农资、让在线专家解答植物病虫害问题，还可以把自己家种的农特产品挂在平台上进行售卖；二是让100余名村民们对"12316"APP进行了扫码安装，并且实名注册；三是组织将砚山县听湖香稻源种植农民专业合作社栽种的绿色生态优质大米在"12316"平台上上架销售，取得了不错的效果。通过培训，村民们掌握和熟悉了"高原农产品"、"休闲农业""乡村农资""我要卖"等板块信息的录入及技术，并在使用业务操作培训、搭建好与外界销售平台、尽快修通"12316"服务平台这个农村"信息高速公路"等方面，让农户乘上信息快车，真正做到户足不出户就能享受到高效便捷的农业项目服务。

　　积极探索"互联网＋精准扶贫"模式下的农村电商发展。为解决当前贫困户农副产品销售难的问题，信息员张廷发三天两头下村入户，收集相关素材，注册"云农12316"微信公众号，搭建微信商城，通过线上线下相结合，包装推广本地贫困户家中优质农副产品。2017年，一农户地里的5亩西瓜无人销售，6 000多斤西瓜导致滞销。发现这个情况后，听湖益农社马上收集素材，并通过"云农12316"平台发表文章和图片，不到两星期时间6 000多斤西瓜就被爱心人士抢购一空。为了进一步帮助贫困户，信息员张廷发积极联系当地企业深入贫困户家中开展多种形式的主题活动共计5次，既增强了企业的社会责任感，又带动了贫困户增收致富。益农社成立以来，先后通过线上线下相结合的方式为12户贫困户销售龙虾、韭黄、巴西菇、本地鸡、水果等农副产品，销售额约20.3万元，贫困户人均纯收入增长约305元。

创新思维，积极探索，带领更多返乡青年用双手实现乡村振兴战略梦。在张廷发的苦心经营下，益农社始终秉持资源共享、信息共享、平台共享的原则，积极邀请返乡青年参与"互联网＋"形式下的乡村振兴发展，组织开展了以网络营销、产品包装推广、活动策划等为主题的培训，参加人员共计102人次；先后推动3名优秀青年实现土地流转并成立家庭农场；推荐2名优秀青年担任村级益农社信息员；与10人达成信息收集合作协议。通过培训，听湖村益农社凝聚和巩固了人才储备，为实现乡村振兴战略提供了有力的支撑！

个人心得

听湖村益农信息社的设立方便了群众，也增强了干群感情。一年多来，我一直从事益农信息社的工作，虽然很辛苦，遇到重重困难，但上级领导帮助我、认可我，群众也对我给予好评，满意度也非常高。在以后的工作中，我一定为社会主义新农村建设发挥应有的作用，充分发挥益农信息员的作用，把"云农12316平台"的作用发挥好，服务群众、致富人民。

陕西省咸阳市礼泉县烽火镇小应村
益农信息社张恒忠信息员的典型事例

一、基本情况

为进一步探索"互联网＋"农村新模式，助推脱贫攻坚，推动乡村振兴战略。2017年4月在政府的大力引导、支持下，张恒忠成为陕西省咸阳市礼泉县烽火镇小应村益农信息社信息员。该社成立以来，通过"公司＋农户"生产模式，按照公司的技术要求发展养殖及种植业，增加农户创收，定期邀请西北农林科技大学等专家学者开展培训服务，提升农户生产作物水平。此外信息社还依托"12316"建立了信息服务台账和农产品信息数据库，为农户提供实时、准确的农产品信息。

二、服务情况

（一）信息服务功能齐全

该信息社设施设备齐全，服务功能比较完善，拥有公益便民服务室40米^2、农产品电商展示展销室80米^2、办公室50米^2、电脑2台、投影仪1台、存取款设备1套、设信息电商平台5个，信息服务人员5人（其中农技服务专家3人），冷冻（藏）库300米^3。为保障公益、便民、农产品电子商务和培训体验提供了可靠的保障。

（二）"公司＋农户"生产模式带动农户致富

在扩建的同时引导周边群众积极参与"公司＋农户"生产模式，

公司根据互联网信息平台和市场调研，统筹规划。吸纳当地贫困户按照益农信息社的技术要求发展养殖及种植业，此外，公司也种植试验新的农作物产品，期望打开当地农产品单一的局面。目前我们尝试的新品种有突尼斯软籽石榴，红心苹果，以及莲雾、百香果等热带果蔬的试验种植和推广，带动当地群众扩大周边销售渠道，并辐射到镇域内其他各村非贫困户，带动农户生产种植，增加农户创收。

（三）公益服务效果显著

小应村益农信息社成立以来，依托"12316"建立了信息服务台账和农产品信息数据库，为农户每天提供实时、准确的农产品信息。信息员张恒忠始终心系百姓，用实实在在的行动去关爱帮助困难群众，定期拜访贫困户，送去慰问和关心。公司对接贫困农户55户，点对点开展服务指导。对特别困难的贫困户实行定点帮扶，吸纳到企业务工，解决贫困户就业等问题。此外，公司聘请西北农林科技大学教授，就大棚作物管理、果树修剪及疾病防控等方面为农户进行了详细的培训指导。一年以来，我们邀请农技专家开展培训服务10余次，发布法律法规、惠民政策、农产品市场、种植养殖技术等信息1 000余条。当地群众高度称赞，满意率90%以上。

（四）电商商务成果显著

益农信息社通过与京东、淘宝等电商平台签订协议，将我们的农产品以订单销售方式推进，着力推进农产品网上销售。按照"生产有规程，质量有标准，产品有标志，市场有监测"的要求，建立无公害农产品基地200亩，积极应用市农产品质量安全追溯系统和"二维码"技术，开展质量溯源，保障网货质量。这一年以来，益农信息社实现网上直销农产品5类40余个产品，销售额100余万元，初步解决了农产品网上销售难的问题，进一步推动了特色产业发展，加快了农民增收脱贫。

三、个人心得

小应村益农信息社成立一年多来，遇到了很多问题和困难，但是在县政府的引导和周围群众的积极配合下，也取得了显著的成果。通过努力，信息社为农户提供了大量的农业技术支持，实时的农产品信息，提高了农户的技术水平和对市场信息的及时掌握能力。

今后，我会再接再厉，为农户服务提供优质准确的信息资源。

陕西省延安市洛川县洛阳村益农信息社
张永亮信息员的典型事例

一、基本情况

为进一步探索"互联网＋"农村新模式，积极回引外出务工优秀人才，助推脱贫攻坚，推动乡村振兴战略。2017年5月，在政府的大力引导、支持下，张永亮成为陕西省延安市洛川县旧县镇洛阳村益农社信息员，他致力于带动返乡青年再创业、推广本土优质农副产品外销、提供便民办事服务、培训农村创业致富能手等工作，通过多种形式推动"互联网＋"进村入户。

二、服务情况

洛阳村益农社成立以来，信息员张永亮始终心系百姓，用实实在在的行动去关爱帮助困难群众。先后组织开展村级公益活动6次，邀请组织村里的小学生通过互联网联系阿里远程教育免费听课950人次。同时，积极为广大群众提供互联网商品代购、快递代收代发、农资农具代购、生活缴费等便民服务，截至目前，已累计服务群众约1.5万人次。真正让群众体会到了益农信息社带来的便利。2015年，团县委推荐张永亮去陕西省团校参加中级职业农民培训及农村电子商务培训。通过学习，他更明确了自己的目标和方向，不仅要卖好自己家的苹果，还要带动村里人把苹果都卖个好价钱。培训回来后，他就组织村里的青年们跟着自己一起做电子商务，一起卖苹果。他经常带领大家自费参加省、市、县的各种电子商务培训。通过他的带动，2015年村里一部分人的收入有了明显提高。

2015年11月，张永亮加入了阿里巴巴农村淘宝合伙人。"双十一"期间，作为全国农村淘宝的典型人物和当时在水立方的电商教父马云进行了视频连线，大大提高了他的知名度。借助阿里巴巴这辆顺风车，当地实现了洋货下乡、土货进城的双向市场流通，对外把村民种植的苹果及其他农产品销往全国，对内帮助村民通过网络购买到物美价廉的生产及生活用品，大大降低了村民的消费成本，提高了生活质量。

积极探索"互联网＋精准扶贫"模式下的农村电商发展。为解决当前贫困户农副产品销售难的问题，张永亮注册了洛川苹果大叔电子商务公司，并注册了"果大叔"品牌，在淘宝网开了两家店铺。他联系村里在外大学生及在外务工的青年人，通过微信等一些自媒体宣传销售家乡苹果300多万斤。通过线上线下相结合，他包装推广本地贫困户家苹果，帮助本村贫困户销售苹果7.5万千克。

创新思维，积极探索，为实现乡村振兴战略提供了有力的支撑。2016年，他还在农闲时组织村民进行各种文体活动比赛，既活跃了村民的文化生活，又提高了村民的思想素质。目前，全村村民触网率达到了90%以上，平时周末和假期，还可以通过视频直播给村里的孩子进行线上教课，使农村孩子享受到了和城里孩子一样的待遇。

互联网改变了张永亮，也改变了村民的生活，为了让农村变得更美好，他将继续带领村民在党的政策的领导下，紧跟社会步伐大步朝前走。

三、个人心得

益农信息社的设立方便了群众，也增进了干群感情。几年来，我一直从事益农信息社各项工作，虽然工作很辛苦，但各级领导对我高度认可，群众也对我颇有好评，群众满意度也非常高。我将继续努力，做好益农信息社的工作，更好地为群众服务。

陕西省安康市白河县茅坪村农牧综合
益农信息社唐康信息员的典型事例

一、基本情况

唐康负责的陕西省安康市白河县茅坪镇茅坪村农牧综合益农信息社成立于2017年4月。该社成立以来，积极开展公益、便民、农产品电子商务和农业技术推广等服务，着力推进"信息精准到户、服务方便到家"，已成为农民群众之家，彰显了"互联网＋"益农信息社的效果，形成了信息社和农户双赢格局。2017年，茅坪村农牧综合益农信息社建立及服务情况，被农业部授予全国"益农信息社百佳案例"荣誉称号。

二、服务情况

信息员唐康始终心系百姓，用实实在在的行动去关爱帮助贫困群众，积极为广大群众提供各项服务，真正让群众体会到了益农信息社带来的便利。

线上线下爱心助农。"自从有了益农信息社，咱农民也能享受到信息化给我们带来的便捷服务了。在这里，打破了传统购买农资的局限，小唐经常在网上帮忙订购些农资，需要啥或是有快递了，小唐都会热心帮我们捎到家。有时还帮我们通过手机，免费上网查阅种植、养殖技术，真是太实用了。"家住白河县茅坪镇茅坪社区农民阮琴一边翻看着手机，一边笑着说。今年32岁的唐康干农资销售已经快10

年了，他的益农社位于集镇中心，别看店面不大，可是店里 Wi-Fi、电脑、各种农资一应俱全。每天都有附近的村民前来进行各类农业技术咨询和购买农资，遇上农忙季节，益农社更是被村民围得水泄不通。唐康说："我这里农资品种齐全，质量也有保证，村民们都乐意来我这买农资。这里手机还能免费上网，帮他们充话费、网上代购都可以。平时我这里也是个物流中转站，村民们网购的东西可以先送到我这里，我再帮着分发。如果有住得远的村民购买了大袋的种子、化肥、农具，我都会亲自送上门。村里年轻人会用手机的，家里养了猪、牛、羊或是种了蔬菜之类的，我经常会用微信给他们发些种植、养殖技术方面的信息，让村民们大事不出村，小事不出户。"

农技推广提效能。益农社吸引贫困户的不光是种子、化肥和农药，还有他们最关心的市场信息和便捷周到的技术服务，"小唐，最近生猪啥价钱了啊？""我家的白山羊快要出栏了，帮忙给我打听打听市场哦！""我棚里的黄瓜蔫了，不知道生了啥病，请你给我看看好吗？"……唐康打开他的手机微信笑着说："每天都要收到许多类似这样的信息，我总是认真地一一回复，群众的需求就是我的尽职尽责嘛！为了给他们提供全方位的技术服务，来我这里的群众，我都会推荐他们在手机上下载安装农业技术推广APP或者加我的微信。如果遇到技术上的难题，只要打开手机第一时间就把问题解决了，这样也能真正实现了让信息多跑路，让群众少跑腿。"

贴心服务得民心。这么一个小小的"村级益农信息社"，在唐康的精心打理下，月营业额平均达到4万多元，每年销售各类种子2万余斤，化肥200余吨，年服务群众近2万人次。打通信息进村"最后一公里"，让农民享受均等公共服务，茅坪村农牧综合益农信息社在这里得到了成功印证。"功夫不负有心人"，信息员唐康通过他的优质服务和不懈努力，也得到了群众的点赞。

三、个人心得

益农信息社的设立能够给越来越多的村民提供更加优质的服务，也为全县脱贫攻坚贡献了自己的一份力量。今年3月，我被推选为茅坪镇义和村支部副书记，结合本职工作开展益农信息社工作，既方便了群众，也增进了干群感情，我的干劲儿越来越足了。

甘肃省天水市甘谷县白云村甘谷县世扬职业培训学校益农信息社高世扬信息员的典型事例

一、基本情况

为进一步探索"惠农服务＋精准扶贫＋互联网"的新模式，积极回引外出务工优秀人才，助推脱贫攻坚，推动乡村振兴战略。2017年6月，在政府的大力引导、支持下，高世扬同志成为甘肃省天水市甘谷县大像山镇白云村益农社信息员，他致力于带动返乡青年再创业、推广本土优质农副产品外销、提供便民办事服务、培训农村创业致富能手等工作，通过多种形式推动"惠农服务套餐"进村入户。该同志2018年荣获全国科技助力精准扶贫先进个人。

二、服务情况

甘谷县世扬职业培训学校益农信息社成立以来，按照专业型信息社"有场所、有人员、有设备、有宽带、有网页、有持续运营能力"的"六有"标准建设，在甘谷县浙江商贸城综合市场F2号楼设立了300米²的信息服务场所，服务大像山镇白云、杨赵等村群众，配备了鸿合HD-IX32E触摸一体机一台、电脑桌一张、电脑椅一把、铁皮文件柜2个和打印机培训设施等设施设备300余台（件），同时接通了宽带，设立了网页，常年保持运营和服务能力，制定了益农信息服务社简介、服务内容、"12316"服务平台承诺，建成了让村民"进一个门、办百样事"的便民、惠民、利民、富民服务场所，为保障公益、便民、农产品电子商务和培训体验四大服务落地打下了坚实基础。

推出惠农服务"套餐",助力群众脱贫致富。该社依托甘谷县世扬职业培训学校、甘谷县圆昕果蔬农民专业合作社、甘谷县世扬人力资源服务有限公司、甘谷县世扬农民职业创新培训协会等机构和邻近甘谷县电子商务中心、甘谷县浙江商贸城果蔬交易市场、中药材交易市场和农副产品交易市场、物流园区等便利条件,向农民开展公益服务、便民服务、电子商务和培训体验四类服务套餐。接入的网络授权平台为白云、杨赵等附近村民和世扬职业培训学校培训学员,甘谷县圆昕果蔬农民专业合作社社员免费提供网上农业专家咨询、技术培训、法律服务、劳务信息、市场行情、政策法规、农技推广、农业生产资料和生活消费品代买、农产品代销、电商物流代办、手机应用技能培训等服务。该社自成立以来,先后提供各类信息服务4 800余条,开展各类培训53期3 600余人,代买代销各类物资68余万元,向周边及过往农民提供各类服务8 000多次,涉及公益、便民、电商惠民、信息化育民四项服务,引导农民利用信息化手段改变传统的生活方式,缩短城乡数字鸿沟,促进农村现代文明,助推农村经济和城乡一体化发展。

搭建网络信息平台,实现远程科技助农。在通过益农信息社服务的同时,该社积极开展电话咨询服务,建立服务社微信和QQ服务群,为广大群众提供在线服务,方便群众信息交流,互通有无,在周边群众和世扬职业培训学校、圆昕果蔬农民专业合作社社员中具有较强的影响力和凝聚力。该社认真履行职责,积极服务农民和新型农业经营主体,对农业产业发展、农民增收脱贫、农村创业创新、农村社会治理起到了明显的推动作用,受到周边群众的高度赞誉和好评。

三、个人心得

益农信息社通过实施"买、卖、推、缴、代、取"六类惠农服务，确确实实方便了周边群众的生产生活。在从事益农信息员的这两年中，我深切感受到益农信息社已经成为周边群众的生产生活好帮手。

下一步，我将继续贯彻各级农业农村部门关于益农信息社建设的各项要求，着力解决周边村民在农业生产上产前、产中、产后和日常生活中的问题，实现农户不出村、新型农业经营主体不出户即可享受到快捷、经济、高效的生活信息服务的目标。

甘肃省天水市甘谷县沙石坡村腾达益农信息社张维林信息员的典型事例

一、基本情况

为进一步探索"互联网＋"农村新模式，积极回引外出务工优秀人才，助推脱贫攻坚，推动乡村振兴战略，2017年5月，在政府的大力引导、支持下，腾达实业为了更好地做好益农信息社项目，也为了更好地服务于农村市场，专门成立了甘肃省腾达益农互联网信息服务有限公司，努力做好涉农信息采集与发布、农业生产经营、技术推广、电子商务服务、种植培训服务、农业公益服务、农产品购销等各方面的服务工作。自从张维林成为了甘肃省甘谷县大像山镇镇沙石坡村益农社信息员，致力于带动返乡青年再创业、推广本土优质农副产品外销、提供便民办事服务、培训农村创业致富能手等工作，通过多形式推动"互联网＋"进村入户。腾达益农互联网信息服务有限公司成立以来取得成效显著。

二、服务情况

（一）信息服务功能齐全

腾达益农信息社将腾达200个三级站点的涉农业务相结合，配合甘谷县农业局投放益农信息社为各个信息网点的设备（触屏电脑、文件柜、办公桌椅、并安装宽带），方便各网点信息的采集以及为周边农户的"12316"农技服务。腾达益农互联网信息服务有限公司结合腾达实业旗下职校的培训，不定期、分批次对各网点信息员进行种植养殖、电子商务、家政服务、汽车维修、电动缝纫等相关培训，培训理论知识和操作技能，使每个网点的信息员都能掌握基本的理论和实践。

（二）公益服务效果显著

截至当前，腾达实业培训种植养殖技能人数 1 300 人、电子商务技能人数 580 人、家政服务技能人数 320 人、汽车维修技能人数 680 人、电动缝纫技能人数 490 人，通过培训，腾达实业不仅解决了部分农村劳动力的就业问题，也提高了农户的销售技能，对农产品的销售更加主动和灵活。

（三）便民服务开展良好

针对村镇服务情况，腾达益农互联网信息服务有限公司专门建立了西部益农网，包含话费充值、就业、看病预约等便民服务，并对接了甘肃"12316网站"，为农村老百姓提供农业相关问题求助、专家解析，为农村老百姓在线传授农业相关知识，大大地提高了农民信息化水平。

（四）在村就业助力脱贫

依托益农信息采集，掌握贫困村人员情况。在甘谷县各乡镇共建有 35 个"扶贫车间"，实现了县内各乡镇全覆盖，更大程度地解决了农村剩余劳动力的就业问题，让老百姓不用出门，在自己家门口就能挣到钱，既能照顾家里的小孩和老人，也不耽搁地里的庄稼。目前，扶贫车间已经解决就业人口 3 500 多人，并响应政府号召优先解决贫困户的就业问题。

（五）对接劳务解决就业

腾达实业张维林曾经是一位优秀的劳务经纪人，他凭借多年的劳务经验以及对互联网的理解，组建了自己的团队并研发了"400就业云"平台，是一个集"就业平台＋劳务网点＋呼叫中心"的全国连锁就业服务系统。这个系统可以让劳务网点之间的招聘岗位实现信息共享，工友们足不出户，在家里就可以了解务工城市最新招聘信息。企业在"400就业云"平台发布招聘信息之后，平台会自动根据企业用工需求和务工人员求职信息进行最优匹配，自系统建立以来已陆续解决了甘谷县2万余人的就业问题。

三、个人心得

我对"益农信息社"非常重视，这个信息平台给村民带来了很多帮助，也让自己转变了发展理念。通过"益农信息社＋扶贫车间＋技能培训"的模式，结合扶贫车间、劳务输转、科技下乡、技术推广、生态农业、消费挂念贫等措施，让村民能够科学管理好果园、种出生态健康的农产品，让这些农产品能够卖出更高的价格。村民们农忙时可以务农，农闲时就在村里的扶贫车间上班，真正做到上班务农两不误，更好地实现脱贫致富奔小康。

我要继续借助信息社平台，利用乡村资源优势和特色产业优势，帮助周边农户和有劳动能力的贫困户参与到日常管理、技术指导、产品销售等环节中，采取订单生产、保底收购等方式，将贫困户联结到产业利益链条上，既壮大了村集体经济实力，又带动农户增收致富，实现由单一的生产经营方式向集约化、规模化生产经营方式的转变。

青海省海东市乐都县雨润镇深沟村益农信息社王国锋信息员的典型事例

一、基本情况

王国锋，男，1962年生，中共党员，是青海省海东市乐都区农村信息员，身兼深沟大蒜专业合作社理事长、乐都区大蒜协会会长、乐都区大蒜经纪人等多重身份。2010年4月至今，王国锋担任青海省海东市乐都区雨润镇深沟村益农信息服务社首位村级信息员。他努力按照"六有"标准，不断改善益农信息服务社软硬件设施条件，建成了24米²办公场所和72米²培训教室，配置了电脑、打印、复印一体机，照相机，投影仪等信息设备，接入宽带网速达到100兆，有效提高了为农民提供农业信息服务的水平。

二、服务情况

信息员王国锋以服务"三农"为宗旨，以便民、惠民、利民、富民为目标，依托"信息点+专业合作社"的运行模式，积极热心地投身于农业信息服务工作。一是热心开展农业公益服务，通过"12316"农牧热线、乐都区三农信息网、手机短信息平台、微信群、乐都区农牧信息简报、LED电子显示屏等媒介，及时发布惠农政策、市场信息、价格行情、病虫害防治等涉农信息，为专业合作社社员及周边广大农民群众提供产前、产中及产后信息技术服务。二是积极参与电子商务，在阿里巴巴开设网店，通过线上线下销售渠道，采取注册商标、包装产品和广告宣传等办法，大力推介销售以乐都富硒紫皮大蒜为主的特色农产品，提高了乐都紫皮大蒜等农产品的附加值和知名度，有效推进了农产品与市场的对接。三是积极开展培训体验服务，开展农业新技术、新品种、新产品培训，尤其是开展了乐都紫皮大蒜制种、配方施肥、标准化生产等科学技术培训服务，有效提高了周边广大农民群众的种植水平。四是逐步开展便民服务，为周边广大农民群众提供复印、邮政快递代发等多项服务。

信息员王国锋为了给周边广大农民群众提供便捷、经济、高效的生产生活信息服务，认真履行农村信息员职责，认真管理运行深沟村益农信息服务社，利用网站、短信等信息网络平台，平均每年发布各类农业科技信息500条，邀请专家现场技术指导20次，现场解答问题100次，组织培训广大农民200人（次）。他积极推广"12316"服务热线、"青海省农牧厅网站""乐都区三农信息网"等平台，特别是2017年带领大蒜专业合作社种植乐都紫皮大蒜1 100亩，辐射面积4 000亩，外销大蒜2 000多吨，社员人均种植大蒜收入达5 860元，多次获得省级、镇级的奖励，得到了周边农民及全区广大大蒜种植户的好评。

三、个人心得

从事农村信息服务8年来，通过各类培训学习和实践，我学会了信息的采集、上报、发布等信息处理技能，提升了自身的素养，拓宽了的眼界。同时通过乐都区农业信息化平台，我了解了很多信息，为群众提供了产前、产中及产后信息技术服务，尤其是通过提供农产品供求信息，促进了当地农产品与市场的产销对接，增加了我们深沟大蒜专业合作社大蒜销量及收入。虽然近年通过项目实施农业信息基础设施得到改善，但是益农信息服务社运行、管理和维护资金匮乏，影响了农业信息服务工作效率降低。下一步我将继续尝试多种形式的"造血"经营模式，使村级益农信息服务社效能的发挥能得到巩固和放大。

青海省海东市互助土族自治县塘川镇新元村高原农机服务专业合作社益农信息社王先财信息员的典型事例

一、基本情况

王先财，男，汉族，1971年生，2017年至今担任青海省互助土族自治县塘川镇新元村高原农机服务专业合作社益农信息社村级信息员。目前该社有办公场所50米^2，配置了电脑，打印、复印一体机，LED显示屏等信息设备，接入宽带网速100兆。信息社成立两年来，在开展公益、便民服务的基础上，依托农机专业合作社，着力推进当地农业生产全程机械化，提供农产品质量安全监管、惠农补贴查询、农机调度等服务。2017年，该社被农业部授予全国"益农信息社百佳案例"荣誉称号。

二、服务情况

作为该益农信息社首位信息员，王先财以服务"三农"为宗旨，热心投身于农业信息服务工作，充分发挥自身资源和农业技术优势，带动周边农民积极发展小麦、油菜、马铃薯、蚕豆、青稞、牧草等主要农作物生产。他聘请县、镇农技专家年内开展农业新技术、新品种、新产品培训8次，参加人员800多人次；依托农资经销店，为农民有针对性地推荐种子、化肥、农药、地膜等农资产品；带头应用先进适用的农机新技术、新机具，提供机械代耕、代播、代收和土地托管、股份合作等服务，开展农机安全教育培训10次，开展新机具新技术培训13次；为周边农民提供信息咨询2 180人次，机具维修331台次，技术指导791人次；并积极参与抗旱灾抢种、抗雹抢收服务等活动，有力促进了当地农业机械化生产水平的提高。

信息社积极开展各类公益服务和便民服务，为周边群众提供火车票和机票预订、医疗挂号、旅游推介、快递收发、招聘应聘等服务工作；指导农民进行农产品、农业生产资料及生活用品网上交易，协助开展网销农产品的初加工、包装、品牌宣传；积极协调专业大户、农民合作社、农业企业等新型经营主体与电商平台对接，拓宽当地农产品销售渠道；包装销售菜籽油350件，经营收入49 000元，洋芋粉条400件，经营收入28 000元；代售蔬菜种子720袋，经营收入5 760元，年实现经营收入82 760元，为农民解决了农产品滞销的问题，提高了农产品价格，加快了农民脱贫致富。

同时信息社提供免费Wi-Fi、免费拨打"12316"、免费视频通话、免费信息查询、免费在线培训和阅读等服务资源。2018年1月3日，配合县农业信息中心，在塘川镇新元村开展了三农信息服务宣传活动，现场发放种植业、养殖业、政策法规等方面的宣传资料及宣传彩页、宣传袋、春联、挂历、抽纸等宣传物品1 000余份，现场接受农民咨询100多人次。

三、个人心得

从事村级信息员工作以来，为了做好工作，我不断增强自身能力和业务知识，懂得了计算机应用基础常识，及时了解农牧业生产和政策信息。今后的工作中，我要加强与上级单位的沟通和联系，提升网络应用水平，扩大农牧业生产、销售服务等方面的知识，发挥信息社的作用，完善信息社的服务功能，更好地为农民服务。

宁夏回族自治区银川市贺兰县习岗镇新平村益农信息社李亚萍信息员的典型事例

一、基本情况

李亚萍负责的宁夏回族自治区银川市贺兰县习岗镇新平村益农信息社，成立于2016年5月。该社依托占地1.2万亩4800栋温棚的现代设施农业示范园区、贺兰县新平设施农业园区蔬菜冷链物流中心、科丰种业标准化制种基地坐落在村域中心的区位优势，大力发展设施蔬菜种植与劳务输出，是全国一村一品示范村、2018年中国美丽休闲乡村。该社成立以来，按照"村组申请、乡镇推荐、部门审核、市厅备案"的工作程序，结合贺兰县政府购买公益性服务试点县，将益农信息社建设与政府购买公益性服务相结合，建成了具有"买、卖、推、缴、代"五大功能的标准型村级信息服务站，主要开展公益服务、便民服务、电子商务和培训体验服务四大类20余项服务。2017年，该社的事例被农业部授予全国"益农信息社百佳案例"荣誉称号。

二、服务情况

一是提供公益服服务，确保服务效果。2018年共完成各类公益服务1 138人次，主要包括农业生产经营218次，现场咨询97次，电话咨询127次，短/彩信推送服务90次，农技推广1次，土地流转19次，农村三资管理2次，农业综合执法5次，灾情预警2次，惠农补贴查询10次，村务公开等服务106次，农业气象服务212次，救灾救济3次，调解纠纷24次，各类证照、落户、低保71次，招聘应聘23次，义务教育、慈善捐助3次，代办服务125次。辐射带动新平园区40%的设施蔬菜大棚种植户，受益农户户均增收100元以上。

二是开展便民服务，提供便捷服务。2018年共完成便民服务5 425次，主要包括农业保险56次，新型农村合作医疗保险428次，通讯缴费及清单打印97次，邮政、信贷、小额提现3次，商业保险14次，车、船和机票预订159次，旅游推介2次，快递收发4 666次。极大方便了新平村民的日常生活，使村民不出村就把缴话费、买农资、买其他生活用品、买车票的各项事情都办完了，不仅节约了跑路的时间，还使村民充分体验到现代信息技术和网络资源的便捷。

三是完成电子商务45人次，主要包括：农产品网上交易32次，休闲农业及生活用品网上交易13次；在宁夏"12316"网站和贺兰农业综合信息服务网站上发布农产品供求信息80余条，以西红柿、黄瓜、豇豆等时令果蔬为主，扩大了新平村特色农产品的销售渠道。

四是拓展培训体验，提升业务能力。利用项目配套的无线网络，现场指导本村村民体验上网购物服务，并指导周边人员利用"12316"网站学习农业技术、政策法规等文件。

五是爱岗敬业，主动完成考核工作。按照县农牧渔业局考核要求，完成每月农产品生产、销售、供应、求购信息，每月可领取200余元工资，全年共领取工资3 000余元；并被评为贺兰县2017年度优秀信息员，领取了500元绩效奖金。

三、个人心得

益农信息社的成立极大地方便了群众的生产、生活，增强了干群感情。两年来，我一直从事益农信息社的各项工作，虽然很辛苦，但受到了上级领导的认可和群众的好评，2012年、2013年连续两年被习岗镇评为优秀党务工作者，2016年被贺兰县团委评为优秀团支部书记，2018年8月被贺兰县妇联评为贺兰县"最美家庭"获得者。我深刻认识到，只有不断地学习，才能更好地做好公益服务的试水石，发挥好农业信息服务加速器的作用，为乡村振兴发展贡献自己的一份力量。

宁夏回族自治区吴忠市利通区金银滩镇团庄村益农信息社陈晓霞信息员的典型事例

一、基本情况

宁夏回族自治区吴忠市利通区金银滩镇团庄村益农信息社成立于2016年8月。信息员陈晓霞针对群众对信息服务需求高、生活节奏快、对新鲜事物接受能力强的特点，借助益农信息社平台，先后开展了20多项为民服务业务，充分发挥了"互联网＋"行动在农村落地应用的作用，形成了益农信息社、信息员、农户三方共赢的利益联结机制，使团庄村980户4350名群众足不出村，便可享受高效便捷的网络信息服务。2017年，该社事例被农业部授予全国"益农信息社百佳案例"荣誉称号，陈晓霞被利通区组织部评为农村致富带头人。

二、服务情况

（一）提供农资产品代办服务

2018年，为农户提供小麦良种2个，供种1.3万千克；优质水稻品种9个，供种3.5万千克；优质玉米品种12个，供种5000千克，青储玉米品种2个，供种1500千克；农药品种20个，提供药剂420千克；化肥160余吨。既方便了群众，又增加了信息员个人收入。

（二）开展农业技术指导、咨询服务

陈晓霞在闲暇之余勤奋钻研农业知识，经常与乡镇农技员交流农

业技术，结合当地农业生产实际，为村民提供农技指导、咨询服务。2018年指导农户1 200余人次，逐渐成为本村农户可信赖的"娘家人"，受到当地群众的高度赞誉。

（三）开展金融服务

充分发挥益农信息社的资源整合作用，设立了黄河银行乡村金融便民服务网点，为周边农户提供就近存取款、转账、网上支付等业务，每月业务量都在600笔以上。同时，开展微信现金互兑业务，极大地方便了群众生产生活。

（四）开展农业技术培训

利用益农服务网、宁夏"12316"三农信息服务等平台，及时为农户提供技术咨询服务，并印发种植、养殖、农药、种子等宣传资料5 000余份；组织农户观看种植、养殖网络视频节目，增强了群众的科技意识，提高了科学种植养殖水平，实现了农业增产、农民增收。

（五）提供生活缴费服务

陈晓霞始终心系群众，根据农户的实际需求不断拓展业务。除为农户提供话费缴费业务外，通过掌上电力、支付宝、翼支付等为农户提供网上购电业务；每年为农户网上代缴医保社保费2 000多笔，年缴费达40万元以上；设立人财保险服务网点，代缴学生、老年人意外保险，提供奶牛、车保等险种服务。

（六）提供网购及物流服务

通过互联网为农户代购家电、日常生活用品等物美价廉的商品，月交易量在20笔以上。同时，设立团庄村邮乐购站，免费为本村群众开展邮政、圆通、中通、韵达等快递公司邮件寄送、领取业务，每月的取件量在200件以上，使农民足不出村便可买到放心的日常生活用品。

三、个人心得

益农信息社是政府与群众的连心桥。为了给农户提供更好的贴心服务，我将不断学习，提高服务能力，为农民提供一站式优质服务，使农户不出村就可享受到便捷、经济、高效的生活信息服务。

新疆维吾尔自治区昌吉市榆树沟镇榆树沟村益农信息社吴彩云信息员的典型事例

一、基本情况

2017年5月，新疆昌吉市榆树沟镇榆树沟村益农信息社建立，吴彩云被选定为信息员。吴彩云是一名优秀的共产党员，2011年获得昌吉市榆树沟镇"优秀计划生育宣传员"，2017年获昌吉市榆树沟镇榆树沟村"优秀共产党员"称号，2018年7月获昌吉市榆树沟镇榆树沟村"致富带头人"称号。2017年益农信息社成立以来，吴彩云充分利用该平台，开展了公益服务、便民服务、电子商务等系列活动，为村民办好事、办实事，取得了初步的成效。

二、服务情况

（一）热衷于公益服务，助力农业生产

作为一个益农信息社社员，吴彩云通过加入微信群，为农民解决农业技术咨询问题。榆树沟村的养鸡户比较多，平时鸡生病了，村里没有兽医，病鸡容易死亡。自从村里建立了益农信息社后，农民就开始向吴彩云咨询养殖等相关技术，吴彩云也主动建立了各种微信群，将农民的养殖技术问题发至群里，又将专家的解答及时告知农民。与此同时，作为一名党员干部，吴彩云还经常为农民解答有关惠农补贴类问题，比如榆树沟村的棉花种植较多，她经常向农民解答棉花价格补贴的相关事宜，年咨询量达到1 000多人次。

（二）搞好便民服务，让农民足不出村

为更好成为益农信息社员，吴彩云认真了解农民的便民需求，将农民最迫切希望解决的问题，与益农信息社的功能相结合，通过安装交电费系统，解决了农民缴费难的难题。榆树沟村离市区有22千米，离供电所有10千米，村民如果要交电费，坐班车来回需要10元钱，自从益农信息社安装了交电费系统后，村民通过益农信息社就可以缴纳电费，年交电费3 000余次，同时为村民节省交通费30 000多元。

（三）借助电子商务，解决农产品卖难

作为一个村级服务社社员，她积极开展农产品电子商务，努力解决农产品难卖问题。榆树沟村大多数村民文化程度不高，不会利用电脑或手机在网上购物，吴彩云便利用信息社电商平台，发布信息，将村民们喂养的土鸡、土鸡蛋、自家菜园里种植的绿色蔬菜等，通过网络销售到城里。村民李春燕通过益农信息服务社的电子商务尝到了"甜头"，她一年养4批鸡，每批次有200只左右，喂养到4千克重的时候，就找信息社帮她通过电商平台销售出去，李春燕每年卖鸡纯利润达到4万元左右，大大地增加了她家的经济收入。现在，大家都形成了一种习惯，只要遇到销售难，购进难的问题，都会主动地来找益农信息社的吴彩云。

三、个人心得

我非常热爱益农信息社社员这个工作，也十分好学，对信息服务过程中遇到的不懂的问题能够及时进行虚心请教、学习，充分发挥了益农信息服务社的作用。我通过为村里的乡亲们做了一些实实在在的好事，得到了各级领导的认可和群众好评。我今后会更加努力的参加培训学习，提高业务水平，服务覆盖面更广，为更多的村民提供服务！